Uwe Westphal

Vogelstimmen in Wald und Hecke

Gedruckt auf
100% Recyclingpapier

Uwe Westphal

Vogelstimmen in Wald und Hecke

Vögel, Bäume, Sträucher – entdecken und verstehen

illustriert von Heidi Janicek

pala verlag

Inhalt

Auf in den Wald!

Ein ausgedehnter Spaziergang im Wald – was könnte entspannender und zugleich gesünder für Körper und Seele sein? Das morgendliche Vogelkonzert im Frühjahr, das kühl-feuchte Waldklima an heißen Sommertagen, die Farbenpracht der Blätter im Herbst oder die Stille des weißen Winterwaldes bescheren uns stets neue Eindrücke eines vertraut und doch immer wieder anders erscheinenden Waldes. Die Zeit des coronabedingten Lockdowns hat zudem eines ganz deutlich gezeigt: die Sehnsucht der Menschen nach »Natur« und speziell nach dem Wald.

Verschiedene wissenschaftliche Studien belegen inzwischen, dass ein Waldspaziergang messbare physiologische Auswirkungen auf den menschlichen Körper hat. So verlangsamt sich der Herzschlag, der Stresspegel sinkt und die Immunabwehr wird signifikant verbessert. Gründe dafür sind zum einen der beruhigende Anblick des vielfältig schattierten Grüns und das weitgehende Fehlen von Zivilisationslärm, zum anderen die »gesunde Waldluft«: Aufgrund der Filterwirkung der Bäume ist ihr Gehalt an Schadstoffen und gesundheitsgefährdenden Keimen sehr deutlich geringer als in der Stadt, zudem verströmen die Bäume flüchtige Substanzen, denen positive Auswirkungen auf den menschlichen Körper nachgesagt werden. In Japan verschreiben Ärztinnen und Ärzte daher seit Jahrzehnten therapeutische Waldspaziergänge als unterstützende und vorbeugende Maßnahme bei verschiedenen Beschwerden, und auch bei uns findet das fernöstliche »shinrinyoku« als »Waldbaden« immer mehr Anhänger.

Naturkundlich Interessierte kommen im Wald ebenso auf ihre Kosten. Besonders die Vögel sind es, die uns am ehesten auffallen und die uns viel über den Wald und seine übrigen Bewohner mitteilen können. Auch wenn wir die Gefiederten vielleicht nicht gleich entdecken, so verraten sie sich oftmals über ihre Gesänge, ihre Rufe, vielleicht auch anhand von Federn, Nestern oder sonstigen Spuren und Zeichen. Wer die Eigenheiten und Gewohnheiten der einzelnen Arten kennt und weiß, wo man nach ihnen suchen muss – im Laubwald oder im Nadelforst, im dichten Unterholz oder hoch im Baumwipfel –, wird sie mit Glück und Geduld aufspüren. Und wer ihre speziellen Warnrufe und ihr Verhalten bei Gefahr kennt, wird vielleicht sogar auf Waldbewohner aufmerksam werden, die unseren Augen sonst verborgen geblieben wären, etwa auf einen pirschenden Fuchs oder eine versteckt im Baum hockende Eule.

Das Frühjahr, wenn die Vögel mit Balz und Brut beschäftigt sind, ist sicherlich die beste Zeit, um sie zu belauschen und zu beobachten. Denn dann singen die Männchen, um Weibchen zu umwerben und Nebenbuhler aus dem eigenen Revier fernzuhalten (s. dazu auch S. 25). Aber auch die übrigen Jahreszeiten können uns Menschen spannende Begegnungen mit den Gefiederten bescheren, dies umso mehr, je mehr wir von ihnen wissen. Manche sind das ganze Jahr über anzutreffen, andere ziehen im Spätsommer oder Herbst in den Süden und kehren im Frühjahr zurück, wieder andere besuchen uns nur als Wintergäste oder auf der Durchreise.

Vogelbeobachtung macht glücklich. Auf diesen einfachen Nenner lassen sich die Ergebnisse empirischer Studien bringen: Sie zeigen unter anderem einen deutlichen Zusammenhang zwischen einer artenreichen Vogelwelt im direkten Umfeld der Menschen und deren psychischem Wohlbefinden. Neben dem unmittelbaren

Naturerlebnis sind es insbesondere die oft melodischen Gesänge der Gefiederten, die uns erfreuen und berühren. Möglicherweise gibt es hierfür einen Grund, der tief in unserem genetischen Erbe verankert ist: Unsere Vorfahren waren tagtäglich lebensbedrohlichen Gefahren durch wilde Tiere wie Bären, Wölfe oder Löwen ausgesetzt. Sie nutzten daher die vielfältige akustische Kommunikation der stets aufmerksamen Vögel als Frühwarnsystem, wussten entsprechende Warnrufe und aufgeregtes Verhalten zu deuten und konnten entsprechend reagieren. Der Gesang der Vögel war hingegen ein Zeichen, dass keine versteckte Gefahr drohte, die Menschen also entspannt ihrem Tun nachgehen konnten. Zudem war und ist der im Frühjahr einsetzende Vogelgesang ein untrügliches Zeichen dafür, dass der Winter – für die Menschen der Urzeit eine existenzbedrohende Zeit der Kälte und des Hungers – überwunden ist.

Was aber wissen wir sonst vom Wald und von seinen gefiederten Bewohnern? Allgemein bekannt sind die vielfältigen Funktionen des Waldes, etwa für die Holzproduktion, für Wasserhaushalt und Klimaschutz, als Sauerstoffspender und biologische Klimaanlage, als Erholungsraum für den Menschen und nicht zuletzt als Lebensraum für Tiere, Pflanzen und Pilze. Wir wissen auch, dass der Wald mehr ist als ein beziehungsloses Nebeneinander verschiedener Bäume und anderer Lebensformen. Wissenschaftlich gut belegt ist etwa, dass Bäume auf vielfältige Weise untereinander kommunizieren und über ein unterirdisches Geflecht von Pilzen in einer Art »wood wide web« (s. S. 88) vernetzt sind. Bekannt ist zudem, dass Bäume (wie auch andere Pflanzen) sich bei Bedarf gezielt Hilfe organisieren können: So senden sie zur Abwehr blattfressender Raupen spezielle Duftstoffe aus, die deren natürliche Gegenspieler anlocken – neben räuberischen und parasitischen Insekten möglicherweise sogar Meisen und andere Kleinvögel. Dies und vieles mehr wissen wir – doch was wissen wir ganz unmittelbar und aus eigenem Erleben vom Wald und von seinen Bewohnern, speziell den Vögeln des Waldes?

Jeder Waldspaziergang wirft eine Fülle von Fragen auf: Warum wachsen an einer Stelle Buchen oder Eichen, warum anderswo Erlen, Birken oder Weiden? Was macht einen Wald aus, wie unterscheidet er sich vom Forst? Welche Ansprüche stellen Waldvögel? Welche Arten leben im Auwald, welche im Fichtenforst, am Waldrand oder auf einer Lichtung? Welche Beziehungen und Abhängigkeiten zwischen Bäumen und bestimmten Vogelarten gibt es? Wo und wann kann ich welche Vögel am besten beobachten, und wie finde ich sie überhaupt? Wie verhalten sie sich? Was sagt uns ihr Vorkommen über den Wald aus?

Diese und andere Fragen möchte das vorliegende Buch exemplarisch beantworten. In 16 Kapiteln möchte ich Sie mitnehmen auf spannende Exkursionen rund um das Jahr, bei denen wir gemeinsam in authentischer Atmosphäre verschiedene Waldlebensräume und charakteristische Vogelarten kennenlernen werden. Besuchen werden wir zudem die ebenfalls von Bäumen und Sträuchern dominierten Lebensräume Feldgehölz und Hecke.

Auch wenn die Vögel im Mittelpunkt der Betrachtungen stehen, geht es in diesem Buch nicht um eine auch nur annähernd vollständige Darstellung der Vogelwelt des Waldes (zu der allein in Deutschland etwa 70 Arten zählen). Vielmehr sollen anhand ausgewählter Vogelarten, die für einen Lebensraum und eine Jahreszeit typisch sind, biologische Fakten und ökologische Zusammenhänge beleuchtet werden. Zugleich erfahren Sie interessante Aspekte zu einzelnen Bäumen und Sträuchern, zu den von ihnen geprägten Lebensräumen und zu ihrer Bedeutung im Naturhaushalt und für den Menschen. Ein allgemeines Kapitel ab S. 148 berichtet unter anderem vom Einfluss des Menschen auf den Wald und widmet sich angesichts der vielfältigen Herausforderungen, denen Wälder und Forsten derzeit ausgesetzt sind, einigen wichtigen Fragen: Was macht einen gesunden, naturnahen Wald aus? Welchen Wald wollen wir überhaupt? Und abschließend: Was bedeutet das alles für die Waldvögel?

Insgesamt entsteht so ein Kaleidoskop verschiedener Waldlebensräume, Vögel und Gehölze, die in der Zusammenschau einen Eindruck davon vermitteln sollen, wie unterschiedlich »Wald« oder »Forst« sein können und wie letztlich doch alles mit allem zusammenhängt – insgesamt eine Hinführung zu modernem, vernetztem Wissenschafts-Denken.

Eine umfassende Darstellung der Ökologie des Waldes und der Waldvögel kann und soll dieses Buch nicht liefern. Interessierte finden im Literaturverzeichnis Anregungen für eine vertiefende Lektüre.

Und nun viel Spaß bei aufregenden Exkursionen zu den gefiederten, belaubten und benadelten Bewohnern von Wald, Forst und Hecke!

Ein Gnom im Winterwald

Fichtenforst im Januar

Fichtenkreuzschnabel und Sperlingskauz

Weiße Weihnachten gab es mal wieder nicht, aber jetzt, Mitte Januar, hat ein heftiger Schneeschauer die Bäume im nahen Nadelforst mit zarten, weißen Häubchen verziert. Okay, »Winterwunderland« sieht anders aus, aber in diesem bisher wieder viel zu warmen Winter muss man schon mit einer Light-Version zufrieden sein. Den Anblick wollen wir genießen, bevor die weiße Pracht wieder taut. Also Stiefel und die warme Jacke angezogen, und raus geht's. Leichtes Schneegrieseln aus grauem Himmel begleitet uns auf unserem Nachmittagsspaziergang.

Nur eine dünne Schneeschicht bedeckt Waldboden und Weg, die dicht benadelten Baumkronen haben einen Großteil des Niederschlages abgefangen. Überall am Boden liegen Zapfen. »Tannenzapfen« würden die meisten Menschen sagen. Doch es sind Fichtenzapfen. Nur diese fallen herab, sobald sie ihre Samen entlassen haben. Die Zapfen der Weißtanne (s. S. 87), die zudem nicht wie jene der Fichte hängen, sondern aufrecht stehen, zerbröseln noch in den Baumkronen. Doch das ist nicht der einzige Unterschied zwischen Fichte und Tanne, die unterschiedlichen Gattungen angehören: Letztere hat eine weißgraue Rinde, die der Fichte schimmert je nach Alter graubraun bis rötlich braun, weswegen sie auch Rotfichte oder fälschlicherweise Rottanne genannt wird. Und ein beherzter Griff an einen benadelten Zweig bringt ebenfalls Klarheit: »Fichte sticht, Tanne nicht«, lautet ein bekannter Merkspruch. Wir haben es hier also mit **Fichten** zu tun. Hohe, schlanke Bäume, die meist in Reih' und Glied stehen – typisch für einen Nadelforst, der landauf, landab für viele Menschen in Deutschland ihr Bild vom Wald prägt. Denn die Fichte als »Brotbaum« der Förster hat vielerorts die früher vorhandenen Laubmischwälder ersetzt. (Welche fatalen ökologischen und ökonomischen Folgen dies hat, wird ab S. 152 beschrieben.)

Still ist es hier. Nur ab und an ist ein leises, hochtoniges Wispern zu hören: »Si si si«. Wohl ein Wintergoldhähnchen. Oder eine Tannenmeise – beide könnte man nur am Gesang unterscheiden, aber nicht an diesem feinen Gewisper. Der Blick nach oben in die dicht benadelten Baumwipfel, von wo die Rufe ertönen, hilft auch nicht weiter: Die Vögel halten sich gut verborgen. Und irgendwo dahinten klopft ein Specht an einem Baum. Hoppla – Vorsicht, Baumwurzel!

Verschneiter Fichtenzweig

Besser richten wir unseren Blick wieder auf den Weg und den Waldboden. Dort wächst nicht viel, auch im Sommer nicht. Außer Moos nicht viel los. Ein paar Farne gedeihen hier ebenfalls – Schattengewächse, die mit dem spärlichen Licht, das durch die Kronen der dicht stehenden Fichten auf den Waldboden fällt, noch ihr Auskommen finden. Ein schwieriger Standort für krautige Blütenpflanzen, denn zusätzlich machen die im Laufe der Jahre herabfallenden Fichtennadeln (s. S. 134) bei ihrer Zersetzung den Boden sauer wie Essig.

Mittlerweile haben wir eine Lichtung erreicht, auf der nur ein paar Altfichten in größerem Abstand stehen. Offenbar wurde dort bereits vor längerer Zeit durchforstet, denn am Boden hat sich ein dichter Heidelbeer-Bestand breitgemacht. Diese lichthungrigen Zwergsträucher, auch Blaubeeren oder in Norddeutschland Bickbeeren genannt, kommen mit dem sauren Substrat bestens zurecht. Aber was schimmert da so rot am Boden zwischen den Sträuchern am Fuß einer großen Fichte, nicht weit von uns entfernt? Das wollen wir uns doch mal genauer ansehen. Ein Vogel! Besser gesagt, die teilweise gerupften Überreste eines Kleinvogels. Sie sehen noch ganz frisch aus. Der Körper ist fast unversehrt und noch ganz leicht warm, ein Teil der ziegelroten Federn liegt ringsum verstreut. Offensichtlich wurde er das Opfer eines Beutegreifers. Gefiederfärbung und vor allem – eigenartig anmutend – die gekreuzten Schnabelspitzen des Vogels zeigen uns, dass wir einen **Fichtenkreuzschnabel** vor uns haben, und zwar ein Männchen, denn die Weibchen haben ein grünliches Federkleid.

Was aussieht wie eine Schnabelanomalie oder die Folge des tödlichen Angriffs, ist in Wirklichkeit das hochspezialisierte Werkzeug eines ausgesprochenen Nahrungsspezialisten: Der Fichtenkreuzschnabel, ein Singvogel aus der großen Finkenfamilie, ernährt sich fast ausschließlich von den sehr fetthaltigen Samen der Fichte. Diese sind normalerweise gut geschützt im Inneren der Zapfen verborgen. Erst wenn sich die Zapfenschuppen während des Reifeprozesses öffnen, werden die geflügelten Samen vom Wind herausgeweht und verbreitet. Mithilfe seines besonderen Schnabels ist der Vogel jedoch in der Lage, die noch geschlossenen Zapfenschuppen zu spalten, aufzubiegen und so ein reiches Nahrungsreservoir zu nutzen. Teilen muss er sich dieses nur mit wenigen anderen Tierarten wie dem Eichhörnchen und dem Buntspecht. In geringerem Umfang verzehren Fichtenkreuzschnäbel auch die Samen anderer Nadelbaumarten, etwa die der hierzulande häufig als Forstbaum gepflanzten Douglasie. Letztere stammt ursprünglich aus Nordamerika und wird wegen des zitronenartigen Dufts ihrer zerriebenen Nadeln auch Duftfichte genannt, ist aber mit unserer Fichte nicht näher verwandt.

Die starke Abhängigkeit von Fichtensamen und die Tatsache, dass die Fichte unter normalen Umständen nur alle drei bis fünf Jahre blüht und fruchtet, zwingt die Vögel zu hoher Mobilität: Sie sind stets dort zu finden, wo es gerade reich fruchtende Fichtenbestände gibt. Sogar die Jungen werden praktisch ausschließlich mit den nahrhaften Fichtensamen gefüttert und sind – anders als bei allen anderen Singvögeln – nicht auf Insektennahrung angewiesen. Fichtenkreuzschnäbel können daher sogar mitten im Winter erfolgreich brüten.

Zapfenträger oder Koniferen

Die Nadelbäume wie Fichte, Tanne, Kiefer und Lärche werden auch als Zapfenträger oder Koniferen bezeichnet (lat.: conus = Kegel / Zapfen; ferre = tragen). Die Zapfen im eigentlichen Sinne sind – unabhängig von ihrer vielgestaltigen Form – die weiblichen, ährenförmigen Blütenstände, deren Achse und Tragblätter bei der Reife verholzen. Oft werden auch die einfacher gebauten männlichen Blüten als Zapfen bezeichnet, obwohl sie niemals verholzen und nach der Blüte abfallen. Koniferen gehören zu den nacktsamigen Pflanzen (Gymnospermen), deren Samenanlagen im Gegensatz zu den Bedecktsamern (Angiospermen) nicht in einem Fruchtknoten eingeschlossen sind. Im System der Samenpflanzen stellt dies den ursprünglichen Zustand dar.

Der Fichtenkreuzschnabel ernährt sich vornehmlich von Fichtensamen.

Über das Opfer wissen wir jetzt einiges – aber wer mag der Täter gewesen sein? Welcher Beutegreifer auch immer am Werk war – offenbar wurde er bei der Mahlzeit gestört. Denn sonst hätte er den Vogel sicherlich sofort gefressen oder zumindest an einen sicheren Ort gebracht, um ihn in Ruhe zu verspeisen. Haben wir den Jäger vielleicht ungewollt vertrieben? Gesehen oder gehört haben wir jedenfalls nichts von der Jagd. Jetzt ist detektivischer Spürsinn gefragt: Schauen wir uns als Erstes die verstreuten Federn genauer an. Die Federspulen (die hohlen basalen Abschnitte der Federkiele, mit denen die Federn in der Haut des Vogels stecken) sind intakt. Das bedeutet, die Federn wurden herausgezogen und nicht abgebissen oder gequetscht, wie ein vierbeiniger Beutegreifer, etwa ein Fuchs oder Marder, dies getan hätte. Das deutet auf einen Greifvogel oder eine Eule hin.

Hier im Fichtenforst käme vor allem der Sperber in Frage, ein ausgesprochener Kleinvogeljäger, der sehr gerne in dichten Fichtenbeständen brütet und seine Beute in blitzschnellem, wendigem Angriffsflug schlägt. Jetzt im Winter jagen Sperber allerdings bevorzugt in Heckenlandschaften und auch in Gärten und Parks, denn dort gibt es zu dieser Jahreszeit mehr zu holen als im relativ vogelarmen Fichtenforst. Die Waldohreule, die den Tag oft gesellig mit Artgenossen an traditionellen Schlafplätzen gut geschützt in den Nadelbäumen verbringt, schlägt bevorzugt Mäuse und andere Kleinsäuger in offener Landschaft. Unwahrscheinlich, dass sie einen Kleinvogel wie diesen Fichtenkreuzschnabel erbeutet, schon gar nicht bei Tageslicht. Aber es gibt noch eine Eulenart, die bevorzugt Kleinvögel jagt: den **Sperlingskauz.** Diese kleinste heimische Eule ist nur wenig größer als ein Spatz. Der Spauz, wie er von Vogelkundlern auch liebevoll genannt wird, ist ebenfalls eng an die Fichte gebunden und auch tagsüber, vor allem aber in der Dämmerung aktiv. Und die bricht jetzt am späten Nachmittag langsam herein, denn über unserer Detektivarbeit haben wir ein wenig die Zeit vergessen.

Der Sperlingskauz ist unsere kleinste heimische Eulenart.

Könnten Sperlingskäuze hier überhaupt vorkommen? Ihr ursprüngliches Verbreitungsgebiet liegt wie das der Fichte in den borealen Nadelwäldern der nordischen Taiga. Während der letzten Eiszeit mussten beide nach Süden ausweichen und fanden geeignete Refugien in den Bergwäldern der Alpen und in den Hochlagen der Mittelgebirge. Als sich die Gletscher vor rund 12 000 Jahren langsam wieder nach Norden zurückzogen, blieb ein Teil der Vögel und Bäume ihren Ausweichquartieren treu – man bezeichnet sie daher auch als Eiszeitrelikte. Im Zuge der waldbaulichen Förderung und Ausbreitung der Fichte (s. S. 152) konnte ein Teil der stark an Fichtenwälder gebundenen Vogelarten ihr Verbreitungsgebiet bis ins norddeutsche Flachland ausdehnen (s. auch S. 163). Neben dem Fichtenkreuzschnabel sind das etwa das Wintergoldhähnchen, der Waldbaumläufer, der Erlenzeisig und eben der Sperlingskauz, dessen regelmäßiges Vorkommen auch hier in der Lüneburger Heide, wo wir uns gerade befinden, erst seit wenigen Jahrzehnten unter Vogelkundlern bekannt ist.

Allerdings stellt er gewisse Ansprüche an seinen Lebensraum. Schauen wir uns also die Umgebung der Stelle, wo wir den toten Fichtenkreuzschnabel fanden, einmal genauer an: Auf dem Weg dorthin kamen wir durch jüngeren Fichtenstangenforst mit dichtem Kronenschluss, dort fände er genügend Deckung, um zu ruhen und zu schlafen. In den hohen, verstreut auf der Lichtung stehenden Fichten könnte er auf Beute lauern und sein Revier gut überblicken. Und in den Altholzbeständen jenseits der Lichtung, unter denen junge Laub- und Nadelbäume aufwachsen, könnte er ein ausreichendes Angebot an Spechthöhlen finden – hörten wir vorhin nicht einen Specht am Baum klopfen? Darin könnte die kleine Eule brüten und ihre Beute verstecken. Insgesamt ein recht vielfältig strukturierter Lebensraum. Ja – nach menschlichem Ermessen wäre dies ein geeignetes Sperlingskauz-Revier. Ob hier aber tatsächlich Sperlingskäuze leben? Wir könnten warten, bis sich einer der dämmerungsaktiven Vögel durch seine Stimme zu erkennen gibt. Wir könnten seine Rufe, ein regelmäßig in kurzem Abstand wiederholtes »djü«, das an sehr laute, sehr scharfe Gimpelpfiffe in höherer Tonlage erinnert, auch nachpfeifen und warten, was passiert.

Probieren wir es doch mal aus und pfeifen ein paar Male wie ein Sperlingskauz. Die Reaktion kommt prompt, allerdings ganz anders als gedacht: Mit aufgeregtem, scharfem »zisisisi« kommt eine Tannenmeise angeflogen und macht Alarm, gleich darauf unterstützt von einer zweiten. Die Meisen vermuten ihren Todfeind in der Nähe und regen sich entsprechend auf. Diese Reaktion zeigen potentielle Beutevögel des Sperlingskauzes nur dann, wenn sie schlechte Erfahrungen mit

Klangattrappen und Imitationen verantwortungsvoll einsetzen!

Normalerweise sollte man es vermeiden, Eulen oder andere Vogelarten durch das Abspielen von Tonaufnahmen oder die Imitation ihrer Rufe und Gesänge anzulocken, weil man damit unter Umständen auch ihre Feinde anlockt und sie nur unnötig stresst, wenn sie unermüdlich einen vermuteten Rivalen suchen, um ihn zu vertreiben. Aber um festzustellen, ob ein heimlicher Vogel, wie Eulen es normalerweise sind, in einer bestimmten Gegend ein Revier besetzt hält – die Grundlage für eine Bestandserfassung –, kann und darf man kurzzeitig entsprechende Tonaufnahmen, sogenannte Klangattrappen, einsetzen. Antwortet der Vogel, stellt man das Abspielen oder Nachpfeifen sofort ein.

ihm gemacht haben. Dort, wo die kleine Eule nicht vorkommt, reagieren sie auch nicht auf die Nachahmung ihrer Pfiffe. Auch aus diesem Verhalten kann man auf das Vorkommen des kleinen Kauzes schließen. Gut möglich also, dass der tote Fichtenkreuzschnabel auf sein Konto geht. Oder war es doch der Sperber? Eine weitere Frage bleibt offen: Wenn der Vogel auf dem Boden geschlagen wurde, wofür die ausgerupften Federn direkt ringsum sprechen – was wollte er dort? Kreuzschnäbel halten sich meist in den Baumkronen auf. Auf den Boden kommen sie normalerweise nur, um zu trinken oder mineralhaltige Erde aufzunehmen, die sie wegen ihrer einseitigen Samenkost benötigen. Aber hier auf dem kargen, sauren Waldboden zwischen den Heidelbeersträuchern? Oder wurde er im Fluge abgefangen und der gefiederte Jäger war mit dem erbeuteten Kreuzschnabel zwischengelandet, vielleicht um ihn sicherer festhalten und töten zu können? Warum ließ er ihn dann zurück? Wir werden es nie erfahren.

Höchste Zeit, nach Hause zu gehen, bevor es allzu dunkel wird. Dann kann übrigens auch der Sperlingskauz nichts mehr sehen – anders als die meisten anderen Eulen. Ebenso wenig vermag er in der Finsternis allein nach dem Gehör zu jagen wie sein größerer Verwandter, der Raufußkauz, oder auch die Waldohreule. Und auch sein Flug ist nicht lautlos und geschmeidig wie bei anderen Eulen. Er überrascht seine Beute, neben Mäusen und Spitzmäusen vor allem Kleinvögel, wie der Sperber in blitzschnellem Angriffsflug. Und das häufig so erfolgreich, dass er regelrechte Beutedepots anlegt, wie auch Würger dies tun (s. ab S. 61). Im Winter werden Beutetiere in der Regel in Baumhöhlen gebunkert. Das hatte der

Sperlingskauz, falls er es denn war, mit dem Fichtenkreuzschnabel vielleicht auch vor, wenn er ihn nicht gleich verspeist hätte. Doch dazu kam es nicht. Lassen wir ihm also jetzt sein mögliches Abendessen und machen uns auf den Heimweg. Plötzlich – die Pfiffe, die wir vorhin noch selbst imitierten – ganz nah! Schnell drücken wir uns an einen Baum und schauen uns vorsichtig um. Da! Da vorne sitzt er – ganz frei auf der Spitze einer einzeln stehenden hohen Fichte, kaum 30 Schritte entfernt! Ruckartig wendet er den Kopf hin und her, wie ein kleiner Gnom sieht er aus, in der fahlen Dämmerung nur schemenhaft zu erkennen. Kurz darauf fliegt er ab und entschwindet unserem Blick. Eine flüchtige Begegnung nur – aber welch' ein Glück, den Vogel so nah zu erleben! Ein wunderbarer, spannender Nachmittag in einem vermeintlich öden Fichtenforst geht zu Ende, die warme Stube wartet schon.

Nomaden im Reich des Erlkönigs

Bachaue im Februar

Erlenzeisig

Ein sonniger Vormittag Mitte Februar. Die im Schein der Sonne schon recht milden Temperaturen zeigen es an: Das Ende des Winters ist gekommen, der Vorfrühling hält Einzug. Das schöne Wetter verlockt zu einem Spaziergang durch die Wiesen am Bach entlang, gesäumt von hohen Bäumen. Es sind **Schwarzerlen,** erkennbar an ihrer meist schlank pyramidalen, nicht selten auch mehrstämmigen Erscheinung. Ihre im Alter dunkel gefärbten, grobborkigen Stämme reichen bis in die oberen Kronen und tragen sparrig abstehende dünne Seitenäste.

Eben bewundern wir die ersten Blütenknospen der Pestwurz, die sich noch vor den später rhabarbergroßen Blättern dieser Pflanze am Ufer aus dem Boden schieben, als uns zarte Vogelrufe und ein leises, vielstimmiges Gezwitscher auf-

Die Pestwurz zählt zu den Korbblütengewächsen.

blicken lassen. Es scheint aus den winterkahlen Kronen der Bäume direkt über uns zu kommen – aber die Urheber sind zunächst nicht zu entdecken. Merkwürdig. Wir schauen genau hin – da, eine Bewegung: ein kleiner Vogel, etwa so groß wie eine Blaumeise, da noch einer und noch einer. Geschickt wie diese turnen sie durch die feinen Zweige im äußersten Kronenbereich, einer hängt gar mit dem Rücken nach unten. Doch Meisen sind es nicht, das erkennt man schon an den teils geräuschhaften Lautäußerungen, darunter ein weiches »diiä«, ein gleichzeitig auf- und absteigend klingendes »dääiid« und ein knätschendes »didldidldäätsch« – ganz anders als das silberhell klingelnde »zizi zihihihi« einer Blaumeise. Plötzlich erhebt sich ein ganzer Schwarm hektisch in die Luft, wie aufgescheucht, wohl gut ein halbes Hundert Vögel sind es, die jetzt vielstimmig durcheinander rufen. Wo kommen die jetzt alle her, wir konnten doch gerade nur wenige entdecken? Nach ein paar Flugrunden fällt der ganze Schwarm ein paar Bäume weiter wieder ein.

Fruchtstände der Schwarzerle

Zum Glück haben wir ein Fernglas dabei und können die Vögel damit näher betrachten: Einige sind kontrastreich gelb-grün-schwarz gefärbt, andere haben ein überwiegend dunkel olivfarbenes Gefieder, das besonders an der Unterseite und an den Flanken ein deutliches dunkles Strichelmuster zeigt. Auffallend ist bei allen die schwarzgelbe Flügelzeichnung. Größe, Aussehen, Lautäußerungen, Verhalten und Aufenthaltsort verraten uns, welche Vögel wir vor uns haben: Es ist ein Trupp **Erlenzeisige,** die zu den kleinsten heimischen Vertretern der artenreichen Finkenfamilie zählen. Wie bei vielen Vogelarten sind auch bei ihnen die Männchen wesentlich farbiger und auffallender gezeichnet als die schlicht gefärbten Weibchen.

Schwarz färben mit Erlen

Erlenzäpfchen, in Wasser eingelegt, färben dieses je nach Menge tief dunkelbraun bis fast schwarz. Aus ihnen wurde früher Tinte hergestellt. Die stark gerbstoffhaltige Borke wurde zusammen mit Eisenteilen über Wochen gewässert und mit dem Sud ließ sich Leder schwarz färben – daher stammt der Artname »Schwarzerle«.

Frühblüher mit samtigem Fell

Die Schwarzerle gehört zu den ersten Frühblühern in der heimischen Pflanzenwelt. In Gegenden mit mildem Winterklima öffnen sich die bereits im Vorjahr angelegten Blütenknospen schon im Januar, die Hauptblütezeit liegt zwischen Februar und April. Die männlichen Blütenstände enthalten jeweils Dutzende bis Hunderte winzige, sehr einfach gebaute Einzelblüten und sind als bis zu zehn Zentimeter lange, hängende Kätzchen sehr auffallend. (Die Bezeichnung »Kätzchen« geht zurück auf den sinnlichen Eindruck beim Befühlen: Ihre samtig weiche Oberfläche erinnert an ein Katzenfell.) In der Regel stehen drei bis fünf von ihnen zusammen und bilden so einen Gesamtblütenstand. An dessen Basis befinden sich meist ebenfalls drei bis fünf traubig angeordnete, etwa einen halben Zentimeter große weibliche Blütenstände: Die Erle ist »getrenntgeschlechtlich einhäusig«, wie die Botaniker sagen. Die winzigen Pollen werden ähnlich wie bei Birke und Hasel vom Wind verbreitet – sehr zum Leidwesen von Menschen, die an einer Pollenallergie leiden. In der Regel reifen die männlichen Blüten eines Baumes deutlich vor den weiblichen, auf diese Weise soll eine genetisch unvorteilhafte Selbstbestäubung vermieden werden.

Was aber haben die Erlenzeisige mit den Erlen zu tun? Woher haben sie ihren Namen? Beobachten wir ihr Tun einmal genauer: Es sind die kleinen, verholzten Zäpfchen der Erle, die es ihnen angetan haben – genauer gesagt, die darin enthaltenen winzigen Samen, die die Vögel dort herauspicken. Mit ihren feinen, spitzen Schnäbeln sind sie perfekt an diese Nahrung angepasst. Birkensamen werden ebenfalls gerne genommen. In Birkenbeständen (s. S. 55) sind Erlenzeisige bei der Nahrungssuche öfter auch mit den verwandten Birkenzeisigen (s. S. 102) vergesellschaftet.

Erlen und Birken tragen Zäpfchen, beide gehören zur selben Familie, den Birkengewächsen *(Betulaceae)*. Der volkstümliche Begriff »Zäpfchen« bezieht sich nur auf die äußerliche Ähnlichkeit mit den Zapfen mancher Nadelbäume. Zu den Zapfenträgern oder Koniferen (s. S. 12) gehören die Birkengewächse nicht, mit Nadelbäumen wie Fichte, Tanne, Kiefer oder Lärche sind sie also nicht verwandt. Botanisch korrekt spricht man daher im Falle von Birke und Erle besser von zapfenartigen oder zapfenähnlichen Fruchtständen. Ein solcher für Laubbäume ungewöhnlicher Fruchtstand, bei der Erle etwa anderthalb bis knapp zwei Zentimeter groß und von kugeliger Form und dunkler Färbung, entsteht

Erlenzeisige, hier ein Männchen, ziehen im Winterhalbjahr in großen Trupps umher.

aus den winzigen und sehr unscheinbaren Trag- und Vorblättern der weiblichen Blüten, die beim Heranreifen zu jeweils fünfteiligen Schuppen verwachsen. Die einzelnen Schuppen eines Blütenstandes verholzen und bilden gemeinsam ein zapfenartiges Gebilde.

Den Zeisigen kann dieser etwas kompliziert klingende Prozess egal sein, sie haben es auf die fett- und eiweißreichen Samen abgesehen, winzige Nussfrüchte von ein bis zwei Millimeter Durchmesser, die ihnen in der sonst nahrungsarmen Winterzeit genügend Energie liefern. Ein einzelnes Erlenzäpfchen besteht aus durchschnittlich etwa 40 Schuppen, die jeweils bis zu drei Samen tragen.

Wenn die Samen nicht vorher in den Schnäbeln hungriger Erlenzeisige verschwinden, fallen sie vom Herbst bis zum nächsten Frühjahr aus. Anders als die auffällig geflügelten Birkensamen, die wegen ihrer großen Oberfläche vom Wind oft viele Kilometer weit verbreitet werden (s. S. 58), sinken Erlensamen recht schnell zu Boden und schaffen durch Windverbreitung Distanzen von durchschnittlich nur 30 bis 60 Metern. Luftgefüllte »Schwimmflügel« aus Kork an beiden Seiten der winzigen Samen weisen auf ein anderes Verbreitungsmedium hin: das fließende Wasser. Mit ihm gelangen sie zu neuen Wuchsorten auf gut mit Wasser versorgten Böden. Sollte die Reise etwas länger dauern – kein Problem: Die Samen bleiben im Wasser bis zu zwölf Monate keimfähig.

Die Schwarzerle – Spezialistin für nasse Böden

Wie kein anderer heimischer Baum ist die Schwarzerle an ein Leben auf dauerhaft feuchten bis nassen Böden angepasst. Länger anhaltende, höhere Überflutungen, wie sie für Auwälder typisch sind (s. S. 72 und S. 74), verträgt sie jedoch nicht. Ihre Wurzeln reichen tief in die Erde und stabilisieren auf diese Weise die Ufer von Bächen und kleinen Flüssen. Anders als die meisten anderen Baumarten bildet die Schwarzerle nur wenige kräftige Hauptseitenwurzeln und auch nur wenige Feinwurzeln aus, dies vor allem im gut durchlüfteten Oberboden. Dem Problem des Sauerstoffmangels in durchnässten Böden, der zum Absterben der Wurzeln führen könnte, beugt sie durch besondere Anpassungen vor: Große Korkporen an der Stammbasis und den oberflächennahen Wurzeln sorgen für einen ausreichenden Luftaustausch. Häufig bilden Erlen zudem zusätzliche Wurzeln aus der oberen Stammbasis, die bei niedrigem Wasserstand an die Stelzwurzeln tropischer Mangroven erinnern. Unter Wasser bietet freigespültes Wurzelgeflecht Jungfischen und Kleintieren einen sicheren Unterschlupf. Erlenholz ist zudem – auch noch als Totholz – unter Wasser äußerst haltbar.

Biologisch orientierte Wasserbau-Ingenieure verwenden Schwarzerlen wegen ihrer besonderen Anpassungen gezielt zur Ufersicherung anstelle technischer Bauwerke. Dies kommt besonders bei Renaturierungsmaßnahmen zum Tragen: Hierbei werden einstmals naturfern ausgebaute, kanalisierte oder gar unterirdisch verrohrte Abschnitte von Fließgewässern wieder in einen naturnäheren Zustand versetzt, damit bedrohte Bachbewohner wie Fische, Wasserinsekten, Libellen und Eisvögel neue Lebensräume finden. Der natürliche Wasserrückhalt renaturierter Bäche und ihrer Uferbereiche vermindert zudem die Gefahr von Überschwemmungen im Unterlauf und ist daher ein Beitrag zum lokalen Hochwasserschutz – wichtig gerade in Zeiten des Klimawandels, der immer häufiger zu Starkregen-Ereignissen führt.

Hier kann jede und jeder aktiv werden: Naturschutzverbände veranstalten oft regelmäßige Arbeitseinsätze und andere Mitmachaktionen. Dabei werden zum Beispiel durch das Einbringen von Kies, Geröll oder Totholz neue Lebensräume in ehemals eintönigen Abflussgerinnen geschaffen, für Fische unpassierbare Wehre und Sohlabstürze (das sind quer zur Strömungsrichtung gebaute »Stufen«) entfernt oder eben Erlen zur Ufergestaltung und Beschattung gepflanzt.

Erlkönig und Raue Else

Den Menschen früherer Tage waren die düster wirkenden, unergründlich morastigen und weglosen Bruchwälder nicht geheuer: Sie galten als Heimstatt böser Naturgeister und Spukgestalten wie dem gefürchteten »Erlenweib«, auch »Raue Else« genannt. Die Tatsache, dass frisch geschnittenes Erlenholz durch Oxidation rot anläuft (weswegen diese Baumart häufig auch »Roterle« genannt wird) und somit scheinbar blutet, wurde als Zeichen für das Wirken rothaariger Hexen, wenn nicht gar des Teufels persönlich angesehen. Nach altgermanischem Glauben, der sich mancherorts noch bis in die Neuzeit hielt, wohnten dort die Toten. Hier war auch das Reich des unheimlichen Erlkönigs. Der allerdings hat mit der Erle nichts zu tun: Der Begriff »Erlkönig« beruht auf einem Übersetzungsfehler. Er wurde 1778 von dem deutschen Dichter Johann Gottfried Herder eingeführt, der für sein Werk »Herr Oluf« (Erlkönigs Tochter) eine alte dänische Volksballade ins Deutsche übersetzte und teilweise umdichtete. Der im Original vorkommende »Ellerkonge« (dänisch: Elfenkönig) wurde wegen der sprachlichen Ähnlichkeit mit dem im Niederdeutschen gebräuchlichen Namen »Eller« für »Erle« fälschlich zum Erlkönig. Johann Wolfgang von Goethe setzte diesem mit seiner gleichnamigen Ballade endgültig ein literarisches Denkmal.

Nicht nur Vögel wie die Erlenzeisige und verwandte Arten profitieren von der Erle: Ihre stickstoffreichen Blätter, die im Gegensatz zu allen anderen heimischen Laubbäumen im Herbst in grünem Zustand abgeworfen werden (mehr dazu s. S. 132), dienen vielen wirbellosen Wasserorganismen als Nahrungsgrundlage, etwa den asselähnlichen Bachflohkrebsen. Diese wiederum sind ein wichtiges Futter für größere Fische. So spielt die Schwarzerle insgesamt eine herausragende Rolle für das Ökosystem eines Baches.

Schwarzerlen wachsen nicht nur entlang von Bächen und kleinen Flüssen: Auf Standorten mit ständig hoch anstehendem Grundwasser sind sie allen anderen heimischen Baumarten auf Dauer überlegen und bilden reinartige Bestände, den Erlenbruchwald. Früher waren solche Bruchwälder besonders in Norddeutschland in den sumpfigen Niederungen weit verbreitet. Darauf weisen noch heute zahlreiche Orts- und Flurnamen hin, die sich aus dem niederdeutschen Wort »Eller« für Erle ableiten, wie Ellerbek oder Ellerau. Ebenso nehmen Ortsnamen wie Erlach oder Elstal (nach der regional verbreiteten Bezeichnung »Else«) auf diesen Baum Bezug.

Auch die einst von undurchdringlichen Erlenbruchwäldern gesäumte Alster – der Fluss, dessen im Mittelalter aufgestauter Unterlauf das Erscheinungsbild der Großstadt Hamburg bis heute in einzigartiger Weise prägt – verdankt ihren Namen letztlich der Erle: Im Englischen, bei Hamburger Kaufleuten und Seefahrern früher in oft verballhornter Form Teil der niederdeutschen Alltagssprache, heißt dieser Baum »Alder«. Daraus wurde später die »Alster«, der »Erlenfluss«. Mittlerweile sind zahlreiche Erlenbruchwälder durch intensive Entwässerungsmaßnahmen verschwunden, den größten zusammenhängenden Bestand findet man in Deutschland heute im Spreewald südöstlich von Berlin.

Was den Menschen früher nicht geheuer war, kommt einem besonderen Vogel gerade recht: Nasse Erlenbruchwälder sind der bevorzugte Brutlebensraum des **Kranichs.** Bereits im Februar beziehen die Kranichpaare dort ihre Brutreviere. Meist verraten sich die scheuen und oft sehr versteckt lebenden Vögel nur durch ihre weit hallenden, fanfarenartigen Rufduette, mit denen sie ihren Revieranspruch kundtun. Ihr kunstloses Bodennest legen sie bevorzugt auf kleinen, trockenen Erhöhungen an, wie Seggenbulten (große Seggenarten bilden über die Wasseroberfläche ragende Hügelchen, die Bulten), Baumstümpfen oder aktiv aufgehäuftem Pflanzenmaterial, umgeben von tiefem Wasser und somit möglichst gut geschützt vor vierbeinigen Nesträubern wie Fuchs, Marder oder Wildschwein.

Die im Winterhalbjahr so auffälligen Erlenzeisige verlassen spätestens gegen Ende März die Bruchwälder und galerieartigen Erlenbestände entlang der Bäche. Im Sommer sucht man sie dort vergeblich. Wo aber bleiben die Vögel? Der größte Teil von ihnen zieht zurück in die Brutgebiete, die in der nordischen Fichtentaiga liegen. Doch auch bei uns in Deutschland brüten Erlenzeisige. Sie sind zur Brutzeit ebenfalls weitgehend an Fichtenbestände gebunden. Anders als im Winter, wo sie auf der Suche nach Nahrung in kleinen oder größeren Trupps umherziehen und sich optisch wie akustisch sehr auffällig verhalten, sind die Vögel im Sommer nur schwer zu beobachten. Sie leben heimlich und als sogenannte Brutnomaden, die mal hier, mal da brüten – abhängig vom Nahrungsangebot (s. auch S. 12). Statt Erlensamen stehen dann Fichtensamen ganz oben auf ihrem Speisezettel.

Die Bevorzugung so unterschiedlicher Lebensräume zu unterschiedlichen Jahreszeiten nennt man »ökologischen Wechsel«. Auf ihren Wanderungen zwischen Erlen und Fichten können wir die munteren und Menschen gegenüber wenig scheuen Vögelchen auch im Garten beobachten: Erlenzeisige gehören zu den regelmäßigen, aber unsteten Besuchern von Vogelfutterstellen – selbst wenn weit und breit keine Erle zu sehen ist.

Erlenzweig mit Blattknospen, männlichen Blütenkätzchen
und unscheinbaren weiblichen Blüten

Rufe und Gesänge

Vögel verfügen über ein breites Repertoire verschiedener Lautäußerungen mit unterschiedlicher Funktion. Grundsätzlich unterscheidet man Rufe und Gesänge. Rufe werden in bestimmten Situationen geäußert, zum Beispiel als Warnrufe oder Kontaktlaute. In der Regel komplexer aufgebaut als die meist einfach strukturierten Rufe sind Gesänge. Sie sind in der Regel nur von den Männchen zur Brutzeit zu hören und haben im Wesentlichen zwei Funktionen: Sie dienen der Revierverteidigung und dem Anlocken von Weibchen.

Nach dieser Definition sind Gesänge nicht allein Singvögeln vorbehalten: Auch Nichtsingvögel wie Tauben, Eulen oder Spechte können singen. Unterschieden werden die beiden Gruppen der Nichtsingvögel und Singvögel nicht anhand ihres Gesangsvermögens, sondern aufgrund bestimmter anatomischer Merkmale des vogelspezifischen Stimmapparates, der Syrinx.

Höhlenbauer im Weltnaturerbe

Buchenwald im März **Schwarzspecht**

Ein früher Vormittag im März. Im Rahmen eines Vogelstimmen-Seminars in der südlichen Lüneburger Heide sind wir unterwegs in einem Waldgebiet, wie es so an vielen Stellen in Deutschland aussehen könnte: Nadelholzforsten aus Fichte, Kiefer und Douglasie wechseln sich ab mit Beständen aus schönen, alten **Rotbuchen.** Es sind hochschäftige, glattrindige Baumgestalten, überwiegend wohl um die 80 bis 120 Jahre alt. Wie mächtige Säulen, die das noch unbelaubte, geschlossene Kronendach tragen, wirken die weit auseinander stehenden Buchenstämme. Nach dem Laubaustrieb im Mai wird das Ganze an eine riesige, grüne Halle erinnern, man spricht daher auch von einem Hallenbuchenwald. Insgesamt ein für **Schwarzspechte** gut geeigneter Lebensraum.

Wir mustern die Buchenstämme genau, um Höhlen oder sonstige Zeichen ihrer Anwesenheit zu finden: Da drüben, bei dem offensichtlich morschen Stamm, werden wir fündig: Nicht nur eine Höhle ist dort zu sehen – nein, gleich mehrere übereinander können wir erkennen, aufgereiht wie die Löcher einer Flöte. »Spechtflöte« heißt ein solches Phänomen denn auch. Ob in einer davon

Das Scharbockskraut zählt zu den ersten Frühlingsblumen im Wald.

Wo geeignete Rotbuchen fehlen, legt der Schwarzspecht seine Bruthöhlen auch in Kiefern an.

tatsächlich ein Schwarzspecht gebrütet hat, ist nicht erkennbar. Oft handelt es sich nur um sogenannte Höhleninitialen, das heißt, der Specht hackt an verschiedenen Stellen eines Baumstammes Höhlenanfänge, die dann mit der Zeit ausfaulen und später weiterbearbeitet werden. Aber dort, ein paar Bäume weiter, das könnte eine Bruthöhle sein: Wohl 12 bis 15 Meter hoch am Stamm, der in dieser Höhe noch mindestens 40 Zentimeter Durchmesser haben dürfte, und die Öffnung von hochovaler Form, das ist typisch für einen Schwarzspecht. Hellere Scheuerstellen am unteren Rand und etwas unterhalb des Höhleneingangs, verursacht von den starken Krallen und den versteiften Schwanzfedern, auf die sich der Vogel beim Hacken und Sitzen am Stamm stützt, sprechen dafür, dass diese Höhle zumindest im letzten Jahr regelmäßig beflogen wurde.

Zarte Überlebenskünstler im Schattenreich

Im zeitigen Frühjahr schmückt sich der Waldboden im noch unbelaubten Buchenwald mit einem bunten Blütenmeer: Zartgelb blüht das Scharbockskraut, Buschwindröschen bilden einen Teppich aus zauberhaften weißen Blütensternen, zu denen violette Waldveilchen und purpurfarbener Lerchensporn einen schönen Kontrast bilden. Die genannten Pflanzen zählen zu den sogenannten Frühblühern oder Geophyten. Sie führen ein Leben im Zeitraffer: Ihren gesamten Lebenszyklus – vom Blattaustrieb bis zur Samenreife – müssen sie innerhalb weniger Wochen vollenden, denn im Mai, wenn sich die Buchen belauben, wird es schnell zu dunkel für sie. Das Restlicht am Boden reicht nicht mehr für den Prozess der Fotosynthese, mit dem sie wie alle grünen Pflanzen ihre Energie zum Wachsen und Blühen gewinnen. Ihre dann nutzlos gewordenen Blätter verwelken und die Pflanzen »ziehen ein«, wie die Botaniker sagen. Sie überdauern unterirdisch mit einem in Wurzelknollen gespeicherten Stärkevorrat bis zum nächsten Vorfrühling.

Die Samen des Waldveilchens werden von Ameisen verbreitet.

Plötzlich ertönt nicht allzu weit entfernt ein durchdringendes, rollendes »krrüü krrüü krüü krrüü ...« – der Flugruf eines Schwarzspechts. Entdecken können wir ihn leider nicht. Stille. Dann ein lautes, weit tragendes »Kliiöh!«. Das ist der Sitzruf, mit dem der Vogel seinen Standort anzeigt. Jetzt fehlt nur noch der Gesang, der klingt wie eine Mischung aus dem schallenden »Gelächter« des Grünspechts und den klangvollen Rufreihen eines Seeadlers. Und auch darauf müssen wir nicht lange warten: »Kwoih-kwih-kwih-kwih-kwikwikwikwikwik!« Da – der Vogel fliegt den Waldweg entlang direkt auf uns zu. Jetzt genau über unseren Köpfen, in nur wenigen Metern Höhe, immer noch singend – was für ein eindrucksvolles Erlebnis! Fast so groß wie eine Krähe und genauso schwarz – der Schwarzspecht gehört zu den größten Spechtarten der Welt. Inzwischen ist er im Bogen zu der morschen Spechtflöte geflogen und hockt dort eine Weile. Neben dem Gesang verrät der feuerrote Scheitel, dass es sich um ein Männchen handelt. Mit dem Fernglas sind auch die auffallend weißliche Iris seiner Augen und der elfenbeinfarbene starke Schnabel gut zu sehen. Und jetzt legt der Vogel einen veritablen Trommelwirbel hin, indem er mit seinem Schnabel eine Serie sehr schneller Einzelschläge – etwa 60 innerhalb von drei Sekunden – auf das morsche Holz klopft, das dabei als Resonanzkörper dient.

Dieses Trommeln ist ein sogenannter Instrumentallaut, er dient der Revieranzeige und der Verständigung der Partner untereinander. Anhand ihrer artspezifischen Trommelserien kann man die einzelnen Spechtarten übrigens recht gut unterscheiden – wenn sie denn trommeln, denn nicht alle Arten tun dies. Auch die Weibchen, beim Schwarzspecht kenntlich an der auf den Hinterkopf beschränkten Rotfärbung, trommeln, wenngleich leiser und kürzer. Flugruf, Sitzruf und weitere Rufe, Gesang, Trommeln – der Schwarzspecht ist der lautfreudigste unter den heimischen Spechten und daher im zeitigen Frühjahr während der Balz und Revierverteidigung im Buchenwald nicht zu überhören.

Buchenwälder werden gemeinhin als die potentielle natürliche Waldvegetation in Mitteleuropa angesehen. Überall dort, wo es nicht zu nass, zu trocken oder zu nährstoffarm ist, setzt sich über kurz oder lang die Rotbuche durch. Ihren Namen erhielt sie von der leichten Rotfärbung des geschnittenen Holzes, eine Variante mit dunkelrotem Laub wird »Blutbuche« genannt. Buchenbestände bilden ein ausgesprochen dichtes, geschlossenes Kronendach, das kaum Sonnenlicht auf den Waldboden fallen lässt. Bis zu 600 Quadratmeter kann ein einzelner großer Baum beschatten. Nicht nur krautige Pflanzen haben es daher schwer im Buchenwald: Auch andere Baumarten wie etwa die lichtliebenden Eichen (s. S. 31) werden von der ihrerseits sehr schattentoleranten Buche »ausgedunkelt«: Keimlinge gehen ein, und selbst ausgewachsene Bäume werden mit der Zeit überwachsen und verschattet, sodass sie kümmern und irgendwann absterben.

Auf diese Weise kann die Rotbuche ohne den forstwirtschaftlich gestaltenden Einfluss des Menschen auf großer Fläche natürliche Monokulturen bilden. Zumindest gilt das unter den gegebenen Umständen. Würden wie früher Herden großer Weidegänger wie Wisente, Auerochsen und Wildpferde durch die Wälder

Buchenwälder – Weltnaturerbe der UNESCO

Buchenurwälder und alte, naturnahe Buchenwälder wurden europaweit durch Abholzung oder Umwandlung in intensiv genutzte Wirtschaftsforsten auf gerade einmal 0,02 Prozent ihrer einstigen Ausdehnung zurückgedrängt. Aus diesem Grunde hat die UNESCO, die Organisation für Bildung, Wissenschaft und Kultur der Vereinten Nationen, eine repräsentative Auswahl besonders urwüchsiger Gebiete als »Weltnaturerbe« ausgezeichnet. Ursprünglich auf zehn Waldflächen in der Ukraine und der Slowakei beschränkt, umfasst es unter dem Namen »Alte Buchenwälder und Buchenurwälder der Karpaten und anderer Regionen Europas« mittlerweile 78 Gebiete in zwölf Staaten mit einer Gesamtfläche von rund 92 000 Hektar.

In Deutschland gehören fünf Buchenwald-Gebiete zum Weltnaturerbe: die Nationalparke »Kellerwald« (Hessen), »Hainich« (Thüringen) und »Jasmund« sowie das östliche Teilgebiet »Serrahn« des Müritz-Nationalparks (beide Mecklenburg-Vorpommern), außerdem der »Grumsin« im Biosphärenreservat Schorfheide-Chorin (Brandenburg). Die UNESCO würdigt mit dieser Auszeichnung auch das weltweit einzigartige Phänomen der Wiederbesiedlung von weiten Teilen eines Kontinents durch eine einzige Baumart und ihre prägende Wirkung auf dessen natürliche Waldgesellschaften. Zudem ist es das einzige Welterbe, das so viele Staaten miteinander verbindet.

Außer den Buchenwäldern zählen in Deutschland noch zwei weitere Gebiete zum Weltnaturerbe: das Wattenmeer und die Fossilienfundstätte »Grube Messel« in der Nähe von Darmstadt (Hessen). Sie stehen damit in einer Reihe mit bekannten »Schwergewichten« wie der Serengeti, dem Grand Canyon, den Galapagos-Inseln oder dem Great-Barrier-Riff. Gemeinsam mit herausragenden Kulturleistungen – jene als »Weltkulturerbe« geschützt – bilden diese und weitere einzigartige Naturphänomene für die gesamte Menschheit einen universellen Schatz, den es sorgsam zu bewahren gilt.

ziehen, sähe die Sache möglicherweise anders aus: Buchen reagieren empfindlich auf Verbiss und viele ihre Keimlinge würden in den Mäulern der Wildrinder und Pferde verschwinden, sodass größere Lücken und damit Lebensmöglichkeiten für lichtliebende Baumarten entstünden (s. dazu auch S. 66).

Doch auch ohne hungrige Pflanzenfresser und ohne Einfluss des Menschen könnten andere Baumarten kleinflächig im Buchenwald zum Zuge kommen: Die sogenannte Mosaik-Zyklus-Theorie geht davon aus, dass natürlicherweise auf großer Fläche unterschiedlich alte Bestände jeweils gleichaltriger Buchen vorkommen. Haben die ältesten von ihnen ihre natürliche Lebensdauer erreicht, sterben sie ab und geben Pionierarten und nachfolgenden Baumarten Platz und Licht, bis diese schließlich wieder von Buchen verdrängt werden. So entsteht ein räumliches und zeitliches Mosaik unterschiedlicher Entwicklungsstadien des buchendominierten Laubwaldes mit jeweils unterschiedlichen Artengemeinschaften der Vogelwelt. Weil sich eine solche Dynamik normalerweise über viele Jahrzehnte, Jahrhunderte oder gar Jahrtausende erstreckt, entzieht sie sich der direkten Erfahrung von uns »schnelllebigen« Menschen – Wälder haben ihre eigene Zeitrechnung.

Die Rotbuche ist bei uns fast noch ein Neubürger: Ihre Dominanz hat sie in Mitteleuropa erst vor 3500 bis 4000 Jahren entwickelt. Das zeigen Pollendiagramme, die anhand der in verschiedenen Bodenschichten gefundenen artspezifischen Pflanzenpollen Aufschluss geben über die Vegetation vergangener Zeiten. Die letzte Eiszeit, in der in Mitteleuropa bis vor 12 000 bis 10 000 Jahren gewaltige Eispanzer und Kältesteppen (Tundren) die Landschaft prägten, hat diese Baumart wie andere Baumarten in klimatisch milderen Rückzugsgebieten im Süden und Südosten Europas überdauert. Von dort breitete sie sich mit zunehmender Erwärmung als letzte der heute bei uns vorkommenden Baumarten allmählich wieder nach Norden und Nordwesten aus – ein Prozess, der immer noch andauert und parallel zur Sesshaftwerdung des Menschen verlief.

Die Rotbuche gilt als ausgesprochene Zeigerart für ein feucht-gemäßigtes Klima: Sie gedeiht nur dort, wo der Jahresniederschlag mindestens 650 Millimeter und die Jahresdurchschnittstemperatur mehr als acht Grad Celsius beträgt. Das Vorkommen dieser Baumart ist daher weltweit auf ein relativ kleines Verbreitungsgebiet in Zentraleuropa und Teilen Osteuropas beschränkt. Eine weitere Besonderheit ist die enorme Anpassungsfähigkeit der Rotbuche: Man findet sie in teils unterschiedlichen Wuchsformen vom Tiefland bis in die höheren Lagen der Mittelgebirge und der Alpen, dort häufig vergesellschaftet mit Tanne und Fichte (s. ab S. 86), und sie ist in der Lage, ein weites Spektrum verschiedenster Böden zu besiedeln. Entsprechend unterschiedlich ist somit ihre charakteristische krautige Begleitflora. Pflanzensoziologen und Geobotaniker unterscheiden daher verschiedene Buchenwald-Gesellschaften, von den floristisch armen Buchenwäldern bodensaurer Standorte bis zu solchen, die auf Braunerden oder auf Kalkböden wachsen. Keine andere heimische Baumart bildet von der Meeresküste bis in die Gebirgsregionen eine solche Vielfalt an Waldgesellschaften aus – Lebensraum für insgesamt mehr als 10000 Arten von Tieren, Pflanzen und Pilzen. Diese Artenfülle ist allerdings nur in naturbelassenen, urwaldartigen Buchenwäldern zu finden, in denen Bäume unterschiedlichsten Alters – vom Jungwuchs bis zu langsam absterbenden Baumveteranen – und Totholz jeglicher Art (s. auch S. 89) für eine große Strukturvielfalt sorgen. Rotbuchen können ein Alter von gut 300 Jahren erreichen, selten auch mehr. Im Wirtschaftsforst werden die Bäume jedoch bereits im »Jugendalter« von 120 bis 140, höchstens 160 Jahren, für die Holzgewinnung geschlagen. Solche Buchenwälder sind vergleichsweise artenarm, denn für eine Vielzahl von Tieren und Pilzen werden die Bäume erst mit deren zunehmendem Lebensalter interessant, wenn sich vermehrt vermorschte Stellen, Höhlen, Risse und andere Strukturen bilden, die an jüngeren Bäumen nur vereinzelt oder gar nicht zu finden sind.

Spechte als ökologische Schlüsselarten

Freie Spechthöhlen sind bei unterschiedlichen Nachmietern sehr begehrt: Bei den kleineren Spechtarten wie dem Buntspecht sind dies zum Beispiel Meisen, Kleiber, Trauerschnäpper und Stare, auch Siebenschläfer, baumbewohnende Fledermäuse sowie staatenbildende Insekten wie Wespen und Hummeln. Schwarzspechthöhlen sind vor allem bei größeren Arten begehrt: Ob Dohle, Hohltaube, Schellente, Gänsesäger und Raufußkauz, Baummarder oder Hornisse – sie alle sind auf ein ausreichendes Höhlenangebot angewiesen. Ohne die Vorarbeit der Spechte könnten sie nicht oder nur in sehr geringer Dichte überleben. Spechten kommt daher eine ökologische Schlüsselfunktion im Ökosystem des Waldes zu. Wo immer es geht, sollten Höhlenbäume und morsche Stämme in Absprache mit dem zuständigen Forstamt als »Habitatbäume« im Wald markiert und somit vor der Abholzung geschützt werden.

Der Schwarzspecht ist in allen buchendominierten Waldtypen zuhause. Auch er benötigt einen ausreichenden Anteil an morschen und toten Bäumen, ist allerdings in dieser Hinsicht nicht ganz so anspruchsvoll wie manche seiner Verwandten (s. S. 92). Er brütet selbst in kleinen, fragmentierten Waldstücken, sofern in der Umgebung Nadelhölzer wachsen, in denen er bevorzugt nach Nahrung sucht. In morschen Stammpartien und Baumstümpfen legt er mit wuchtigen Hackschlägen seines starken Meißelschnabels die fetten Larven verschiedener holzbewohnender Käferarten frei. Manche rotfaulen Fichtenstämme sind besonders im unteren Bereich mit riesigen, nahezu rechteckigen Löchern oder Schlitzen übersät, dort hatte es der Vogel auf die im Inneren lebenden großen Rossameisen *(Camponotus)* abgesehen. Vor allem im Winter bilden auch Rote Waldameisen *(Formica)* eine wichtige Nahrungsgrundlage – tiefe Löcher in den markanten Ameisenhaufen zeugen vom Appetit eines Schwarzspechts oder auch eines Grünspechts.

Ihre Bruthöhlen legen Schwarzspechte bevorzugt in alten Buchen an – wohl weil deren glatte Rinde einen gewissen Schutz vor kletternden Feinden wie dem Baummarder bietet. Außerdem ermöglichen die im Bestand bis in große Höhe nahezu astfreien Stämme einen ungehinderten Anflug. Nur wo geeignete Buchen fehlen, werden auch andere Baumarten, vor allem Kiefern, als Brutbäume genutzt. Eine ausreichend große Bruthöhle auszumeißeln, erfordert viel Kraft und Zeit. Bevorzugt werden daher Stellen, die schon leicht vermorscht sind. Dennoch kann es im Falle einer Buche gut vier Wochen dauern, bis eine solche Höhle »bezugsfertig« ist. Dabei produziert der »Zimmermann des Waldes« etwa 10 000 Späne, die mehr als zehn Zentimeter messen können.

In ihrem Revier, das mindestens 250 bis 400 Hektar Waldfläche umfasst, in Extremfällen aber auch bis zu 1500 Hektar groß sein kann, haben Schwarzspechte an geeigneten Stellen oft verschiedene Höhlenzentren mit jeweils mehreren Höhlen, die teils als Schlafhöhlen oder jahrweise umschichtig als Bruthöhlen genutzt werden. Sogenannte Altholzinseln, in denen Rotbuchen unbehelligt vom Forstbetrieb alt und morsch werden dürfen, sichern dem Schwarzspecht und vielen anderen Waldbewohnern das Überleben auch im Wirtschaftswald.

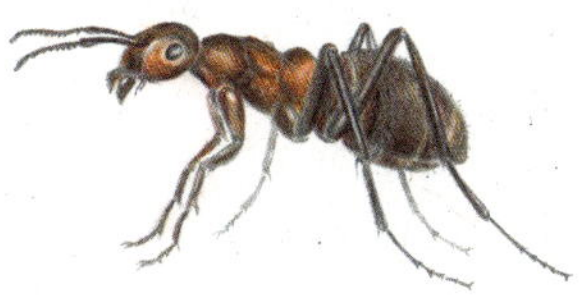

Rote Waldameise

Burgfrieden am Bussardhorst

Feldgehölz im März

Wacholderdrossel und Mäusebussard

Ein sonniger Nachmittag im März lockt uns wieder einmal hinaus ins Freie. Die abwechslungsreiche Feldmark ist heute unser Ziel. Diese Kulturlandschaft aus Feldern, Wiesen und Weiden ist hier noch erfreulich vielfältig strukturiert durch Gräben, Hecken, Baumreihen und Feldgehölze. Ein guter Lebensraum für viele Vogelarten, die in einer ausgeräumten Agrarsteppe längst rar geworden sind: Im Busch vor uns singt eine Goldammer ihr ebenso einfaches wie einprägsames Liedchen »zizizizizi - ziiieh!«, das der Volksmund mit den Worten übersetzt: »Wie wie wie wie hab' ich dich liiieb!« Ein Trupp Stare sucht auf dem Grünland nach Regenwürmern und Insektenlarven, irgendwo ruft ein Kiebitz sein namengebendes »kiiwit«, und was kommt jetzt von da drüben in unsere Richtung geflogen? Ein größerer Schwarm amselgroßer Vögel ist es, wohl an die einhundert Tiere, die sich durch ihre elsternartig schackernden Flugrufe als **Wacholderdrosseln** zu erkennen geben. Sie sind wohl noch auf der Durchreise in ihre Brutgebiete in Skandinavien oder Osteuropa. Zwar brüten Wacholderdrosseln auch in Deutschland, doch die meisten von ihnen, die uns um diese Jahreszeit regelmäßig in größeren oder kleineren Trupps begegnen, werden weiterziehen. Mal sehen, wohin dieser Trupp fliegt: Sie steuern ein Feldgehölz an und landen in den Spitzen einiger hoher Pappeln. Schnellwüchsige Hybridpappeln sind es, die mit ihrem beeindruckenden Stammdurchmesser und ihrer stark rissigen Borke an vielhundertjährige Eichen erinnern, aber ganz sicher erst einige Jahrzehnte alt sind.

Aber da ist noch etwas in der Luft, für das bloße Auge zunächst nur als Punkt zu erkennen, ein ganzes Stück über den Bäumen. Schnell das Fernglas angesetzt: Ja, das ist ein Greifvogel, der da kreist – relativ kompaktes Flugbild, leicht V-förmig nach vorne gehaltene Flügel: ein **Mäusebussard.** Nein, jetzt sogar zwei! Offenbar ein Pärchen. Das Feldgehölz, in dem die Wacholderdrosseln gelandet sind, wäre ein guter Brutplatz. Diese häufigsten der bei uns heimischen Greifvögel brüten gern in Wäldchen inmitten der offenen Landschaft, in der sie nach Kleinsäugern wie Wühlmäusen und Maulwürfen jagen können, von denen sie sich hauptsächlich ernähren. Ihnen lauern sie oft stundenlang auf, von einem erhöhten Ansitz aus, etwa einem Zaunpfahl oder einem Leitungsmast. Ebenso spähen sie in segelndem, selten auch schwerfällig rüttelndem Suchflug nach Beute. Auch Fallwild wird gerne genommen, deshalb sieht man Mäusebussarde häufig an Straßenrändern. Dort räumen sie überfahrene Kleintiere von der Fahrbahn oder fressen an größeren Unfallopfern, was ihnen nicht selten selbst zum Verhängnis wird, denn nicht immer schaffen es die recht schwerfällig auffliegenden Vögel, den heranrauschenden Fahrzeugen rechtzeitig auszuweichen. Den beiden Bussarden vor uns steht aber offensichtlich der Sinn gerade nicht nach Nahrung: Eng kreisen sie umeinander, lassen sich fallen, steigen wieder auf – ein Paar beim Balzflug. Beim Näherkommen hören wir auch die bussardtypischen Rufe, ein miauendes »hiiääh!«.

Vielleicht haben wir Glück und können den Horst entdecken. Das sollte in den noch unbelaubten Bäumen nicht allzu schwierig sein, wenn die Vögel denn schon einen solchen gebaut haben. Falls die Bussarde bereits in den letzten

Greifvögel bestimmen – eine hohe Kunst

Wer lernen möchte, Greifvögel zu bestimmen, muss erst einmal Mäusebussarde in allen Variationen und »in allen Lebenslagen« kennenlernen, vor allem auch im Flug, muss wissen, wie das Flugbild eines Bussards aussieht, wenn er aktiv fliegt, segelt, gleitet, mit dem Wind, gegen den Wind, bei gutem Licht und als Silhouette gegen die Sonne ... Die Abbildung einer (einzigen) »typischen« Flugsilhouette, wie man sie vielfach in Vogelbestimmungsbüchern für Einsteiger findet, ist hierbei leider nur sehr bedingt hilfreich. Ebenso ist es wichtig, sich die typischen Merkmale und Unterscheidungsmerkmale von Arten einzuprägen, die dem Mäusebussard auf den ersten Blick ähnlich sehen, etwa vom Wespenbussard oder vom Raufußbussard, einem Wintergast aus Skandinavien. Auch Schwarzmilane und junge Rohrweihen können für unerfahrene Beobachterinnen und Beobachter Anlass zu Verwechslungen geben, von weiteren Arten in anderen europäischen Ländern wie dem Adlerbussard oder dem Zwergadler ganz zu schweigen.

Auch unterschiedliche Alterskleider und Farbtypen (Morphen) bei vielen Arten machen die Sache nicht eben leichter. Neben den Flugsilhouetten und Gefiedermerkmalen gibt oft auch das Verhalten, besonders das Flugverhalten bei der Beutesuche und die Jagdtechnik, wertvolle Hinweise für die Artbestimmung fliegender Greifvögel. Kleiner Trost: Auch Profis mit langjähriger Erfahrung müssen mitunter einen Greifvogel unbestimmt vorüberfliegen lassen.

Wald oder Feldgehölz?

Feldgehölze entstanden auf unterschiedliche Weise: Entweder wuchsen auf dauerhaft ungenutzten Parzellen Bäume und Sträucher spontan auf oder Bauern pflanzten gezielt Eichen, Hainbuchen (die trotz ihres Namens nicht mit der Rotbuche verwandt sind, sondern zur Familie der Birkengewächse zählen) und Pappeln zur früher oft gemeinschaftlichen Holznutzung, sei es als Brennholz, Bauholz oder für die Herstellung hölzerner Alltagsgegenstände. Später trat diese Nutzung zurück oder entfiel häufig ganz, und die Feldgehölze wurden sich selbst überlassen (bis in die 1960er-Jahre wurden Feldgehölze zumindest teilweise wohl noch genutzt). Auch wenn sie auf den ersten Blick einem kleinen Wald ähneln, gibt es zwischen beiden doch einige Unterschiede: Feldgehölze unterliegen keiner geregelten forstwirtschaftlichen, allenfalls einer bäuerlichen Nutzung und unterscheiden sich von Wäldern im ökologischen und forstlichen Sinne vor allem durch ihre geringe Fläche, die in der Regel weniger als ein Hektar (10 000 Quadratmeter) beträgt. (Zum Vergleich: Ein herkömmliches Fußballfeld ist rund 0,7 Hektar groß.) Oberhalb dieser Grenze gilt ein Gehölzbestand mit Bäumen in der Flächennutzungsstatistik als Wald. Dagegen wird in der Landschaftsplanung als formale Untergrenze für einen Wald oft eine Fläche von einem Viertel Hektar angesetzt.

Für die Unterscheidung von Wald und Feldgehölz wichtiger als die wissenschaftlich nur unzureichend definierbare Minimal- oder Maximalgröße sind die Lage und der Einfluss des Umlandes: Feldgehölze liegen in der Regel isoliert in der Kulturlandschaft (daher auch als »Feldholzinseln« bezeichnet) und werden in ihren ökologischen Bedingungen (Lichteinfall, Kleinklima, biologische Randeffekte) stark vom umgebenden Offenland beeinflusst. Sie weisen neben einer Kernzone mit bereits waldähnlichen Bedingungen ausgeprägte Randbereiche auf. Dort wachsen neben verschiedenen Licht liebenden Sträuchern (zum Beispiel Weißdorn und Schlehe, s. ab S. 62) auch kleinere Baumarten wie Wildkirsche, Feldahorn, Zitterpappel (auch Espe oder Aspe genannt), Vogelbeere oder Salweide. Sie bieten vielen Säugetieren, Vögeln und Insekten üppige Nahrung, fallen in forstlich genutzten Wäldern und an Waldrändern aber häufig dem »Reinigungshieb« zum Opfer. Gelegentlich legen Jäger gezielt Feldholzinseln zur Wildhege an, die dann entsprechend auch als »Hegebüsche« bezeichnet werden. Stets sind Feldgehölze genauso wie Hecken wichtige Brut- und Rückzugsräume für viele Tierarten, die von dort aus zur Nahrungssuche in die offene Landschaft wandern oder fliegen – von Reh, Fuchs und Fledermaus über Bussard und Drossel bis zu Schmetterling und Laufkäfer.

Jahren dort brüteten, stehen die Chancen gut, denn so ein Greifvogelhorst ist ein massives Gebilde aus starken Ästen und Zweigen, der jedes Jahr vergrößert und aufgestockt wird. Ein älterer Bussardhorst misst im Durchmesser gewöhnlich einen bis anderthalb Meter und oft weit mehr als einen halben Meter in der Höhe. Sorgfältig mustern wir die Bäume – und tatsächlich: Auf einem starken Seitenast einer kräftigen Eiche, nah am Stamm und weit oben im Baum, entdecken wir ein solches Gebilde. Wie schön! Was aber ist das? Was wuselt da im Untergeschoss des Bussardhorstes herum?

Das sind **Feldsperlinge!** An ihren schwarzen Ohrflecken, dem braunen Scheitel und dem weißen Nackenband sind sie leicht von Haussperlingen zu unterscheiden. Offensichtlich sind es gleich mehrere Paare. Das ist durchaus nicht ungewöhnlich: Feldsperlinge sind zwar regelmäßig auch in Dörfern und Kleingärten anzutreffen, doch anders als Haussperlinge sind sie nicht zwingend auf die Nähe des Menschen angewiesen und brüten auch weitab von Siedlungen an Waldrändern und in Feldgehölzen. Normalerweise ziehen sie ihre Brut ähnlich wie Meisen in Baumhöhlen (oder Nistkästen) auf, beziehen als Untermieter aber regelmäßig auch die Horste von Greifvögeln oder Störchen. Schlau: Denn die großen Horstbesitzer haben an den kleinen Vögeln kein Interesse und zwischen den

Der Feldsperling brütet in Baumhöhlen oder als Untermieter in den Horsten von Greifvögeln und Störchen.

Ästen finden die Sperlinge sichere Deckung. Mehr noch: Die wehrhaften Greife bieten ihnen indirekt Schutz, denn Feinde, die den Kleinvögeln gefährlich werden könnten – egal, ob gefiedert oder bepelzt –, trauen sich selten in deren Nähe oder werden vertrieben, wenn die Bussarde ihren eigenen Nachwuchs beschützen.

Der schlüpft nach rund fünfwöchiger Brutzeit aus den Eiern. Meist sind es zwei oder drei Jungvögel, die nach sechs bis sieben Wochen flügge werden und danach noch weitere sechs bis acht Wochen von den Eltern geführt und versorgt werden. Erst dann sind die jungen Bussarde selbstständig und verlassen das elterliche Revier. Aber so weit ist es jetzt im März noch lange nicht, die Vögel sind noch mit der Balz beschäftigt. Wo sind sie eigentlich geblieben? Zeigen sie noch ihre Flugspiele? Ja, da sind sie – ziemlich nah und offensichtlich im Anflug auf den Horst. Jetzt bloß nicht bewegen, um die Vögel nicht zu erschrecken und zu verscheuchen. Aber sie nehmen keine Notiz von uns: Ein Bussard landet direkt auf dem Horstrand, der andere auf einem Ast einige Meter entfernt. Wie verschieden sie gefärbt sind! Der eine auf dem Horst sehr hell, fast weiß mit wenigen dunklen Abzeichen, der andere überwiegend dunkel mit hell gescheckter Brust. Diese Farbvariabilität ist typisch für Mäusebussarde – keine andere heimische Vogelart (ausgenommen männliche Kampfläufer, eine bei uns als Brutvogel fast ausgestorbene Watvogelart, im Prachtkleid) zeigt ein derart individuell unterschiedliches Aussehen. Die Geschlechter lassen sich jedenfalls anhand der Gefiederfärbung nicht erkennen.

Die weißen Beeren der Mistel werden von Drosseln verbreitet.

Während wir noch die Bussarde beobachten, erklingt über uns ein lauter, weittragender und etwas leiernder Flötengesang – ohne die auffallenden Wiederholungen jedes Strophenmotivs, wie es für die Singdrossel typisch ist, auch nicht so volltönend und feierlich getragen wie bei der Amsel. Es ist der Gesang einer **Misteldrossel.** Diese größte einheimische Drosselart sieht der Singdrossel ähnlich, zeigt aber eine mehr graue als braune Oberseite und eine gröbere Fleckung auf der hellen Unterseite. Sie ist wie der Mäusebussard eine typische Bewohnerin der offenen Landschaft mit Feldgehölzen. Am Boden sieht man sie häufig in hoch aufgerichteter Körperhaltung, wenn der zumeist recht scheue Vogel aufmerksam seine Umgebung auf mögliche Gefahren prüft.

Der Name »Misteldrossel« nimmt Bezug auf ihre Vorliebe für die Beeren von Mistelgewächsen, die als immergrüne Halbschmarotzerpflanzen auf verschiedenen Baumarten wachsen. Im Vogelmagen wird nur ein Teil der schleimigen Fruchthülle verdaut, sodass die Mistelsamen mit einem Teil des fadenziehend-klebrigen Fruchtfleisches ausgeschieden werden. Lässt der Vogel nun seinen Kot auf einen Ast fallen, bleiben die Samen dort kleben, können auskeimen und zu neuen Misteln heranwachsen. Wegen ihrer klebrigen Konsistenz verwendeten schon die alten Römer Mistelbeeren zur Herstellung von Leim zum Vogelfang: Auf Äste gestrichen und von angebundenen oder gekäfigten Lockvögeln ins Verderben gelockt, blieben Drosseln und andere kleinere Singvögel an der klebrigen Paste hängen und konnten so leicht eingesammelt werden – eine Methode, die sich auch in Deutschland teilweise bis in die Neuzeit hielt und im Mittelmeerraum noch immer Zigtausende Opfer fordert (und weitaus mehr noch durch den Einsatz von Fangnetzen).

Auch **Wacholderdrosseln,** einstmals als »Krammetsvögel« allgemein bekannt, waren bei den Vogelfängern hierzulande sehr begehrt, galt doch ihr Fleisch als äußerst schmackhaft. Wir beobachteten eingangs einen Schwarm dieser Vögel, der in die Pappeln des Feldgehölzes flog, in dessen Nähe wir jetzt stehen. Angesichts des Bussard-Paares hatten wir sie aus den Augen und aus dem Sinn verloren. Aber sie sind noch da, das zeigt der Blick durchs Fernglas. Mit ihrem blaugrauen Kopf, dem kastanienbraunen Rücken, grauem Bürzel und dunklem Schwanz, dazu mit drosseltypischer Fleckung auf der ockerfarbenen Brust, sind sie die buntesten Vertreter der Drosseln. Singen ist allerdings weniger ihr Metier: Ihr Chorgesang, den wir jetzt deutlich vernehmen können, ist mehr ein unmusikalisches, geräuschhaftes Schwatzen, nicht annähernd vergleichbar mit den wohlklingenden Gesängen ihrer Verwandten.

Waldränder und Feldgehölze in der Nähe von Wiesen und Weiden, auf denen die Vögel nach Nahrung suchen können, sind der perfekte Brutlebensraum für die Wacholderdrossel. Möglich, dass einige der in den Kronen der Pappeln versammelten Vögel dort eine kleine Brutkolonie bilden werden – auch dies eine Besonderheit unter den Drosseln. Das allerdings wäre angesichts des vermutlich hier brütenden Bussard-Paares eine etwas »kniffige« Angelegenheit – für beide Seiten. Zwar haben die erwachsenen Drosseln von den Bussarden nichts zu befürchten, aber auch wenn jene als Beute Kleinsäuger bevorzugen, könnte der eine oder andere wehrlose Jungvogel durchaus in ihren Fängen landen. Die Wacholderdrossel-Eltern sind ihrerseits allerdings alles andere als wehrlos, gerade weil sie in Kolonien brüten: Kommt etwa eine Krähe oder ein Greifvogel den Nestern zu nahe, attackieren die Vogeleltern den potentiellen Feind mit schneidigen Angriffsflügen. Das tun andere Drosseln zwar auch, besonders die große, mutige Misteldrossel, aber als Gemeinschaft sind Wacholderdrosseln noch deutlich effektiver bei der Feindabwehr.

Ein Eindringling wird dabei nicht von allen Vögeln gleichzeitig attackiert, sondern vom einen zum nächsten Verteidigerpaar »weitergereicht«. Falls das nicht ausreicht, um etwa einem hungrigen Greifvogel den Appetit zu vergällen, folgt die nächste Stufe der Flugabwehr: Die Drosseln attackieren ihren Widersacher mit gezielten Kotbomben. Das ist nicht nur unangenehm, sondern kann für den Angreifer üble Folgen haben: Es wurden schon Greifvögel tot oder völlig entkräftet aufgefunden, deren Gefieder von dem Drosselkot dermaßen verschmiert war, dass sie nicht mehr fliegen und demzufolge auch nicht mehr jagen konnten – für die Betroffenen eine im Wortsinne beschissene Situation.

Wegen dieser Wehrhaftigkeit der Wacholderdrossel suchen manche anderen Vogelarten für ihr eigenes Brutgeschäft gern die Nähe einer Wacholderdrossel-Kolonie. Das gilt auch für größere Arten wie den Turmfalken – selbst ein potentieller Feind des Drossel-Nachwuchses und häufiger Nachmieter alter Nester von Krähen oder Elstern. Diese beiden brüten ebenfalls gern in Feldgehölzen und sind eine ständige Gefahr für die Bruten anderer Vögel. Gut möglich also, dass Drosseln, Falken und Bussarde eine Art Burgfrieden zum gegenseitigen Nutzen schließen. So etwas kommt zwischen verschiedenen, eigentlich »verfeindeten« Arten immer wieder einmal vor. Grund genug also, bei einer Exkursion zu einem späteren Zeitpunkt erneut nach den Brutvögeln im Feldgehölz Ausschau zu halten.

Biotopverbund durch Hecken und Feldgehölze

Viele naturnahe Lebensräume wie Feldgehölze, Wälder, Weiher oder artenreiche Wiesen liegen wie Inseln in einer zunehmend lebensfeindlichen, ausgeräumten Agrarsteppe. Für wenig mobile Tiere und Pflanzen dieser Lebensräume, aber auch für eigentlich sehr mobile Vertreter wie etwa Wildkatzen, die die Durchquerung solcher großflächig offenen Bereiche scheuen, wird es zunehmend schwierig bis unmöglich, geeignete Lebensräume zu erreichen. Versiegelte Siedlungsflächen und Straßen bilden weitere kaum überwindbare Hindernisse. Das gefährdet oder unterbindet den für ein langfristiges, gesundes Überleben notwendigen genetischen Austausch zwischen den einzelnen Populationen dieser Biotop-Inseln.

Es ist daher dringend erforderlich, solche Biotope miteinander zu verbinden und zu vernetzen. Bestandteile eines solchen Biotopverbundsystems können linienhafte Elemente sein, wie zum Beispiel Hecken, natürliche Uferbereiche von Bächen und Flüssen oder naturnah gepflegte Krautsäume entlang von Ackerschlägen und Feldwegen. Daneben spielen Trittsteinbiotope wie die Feldgehölze eine wichtige Rolle: Viele Kleinvögel des Waldes oder auch manche Fledermausarten scheuen sich, größere Strecken über offenes Gelände zu fliegen. Regelmäßig eingestreute Feldgehölze ermöglichen es ihnen, jeweils kürzere Distanzen zu überwinden, und vor der nächsten Flugetappe finden sie dort Rastmöglichkeiten, Schutz und Nahrung. Im Idealfall sind die Feldgehölze mit gut ausgeprägten, breiten Hecken vernetzt, damit auch kleine Säugetiere, Amphibien und Insekten sich ungehindert ausbreiten oder im Wechsel der Jahreszeiten zwischen unterschiedlichen Lebensräumen wechseln können.

Auch im eigenen Einflussbereich können wir aktiv am Aufbau eines solchen Biotopverbundsystems mitwirken: Gartenbesitzer können ihre Parzelle durch eine naturnahe Gestaltung und Pflege in Refugien und Trittsteinbiotope für zahlreiche wildlebende Pflanzen, Vögel und Kleintiere verwandeln.

Kletterkünstler am Stamm

Eichenwald im April

Gartenbaumläufer und Kleiber

Für unseren heutigen Spaziergang durch einen alten Eichenwald wollen wir neben dem obligaten Fernglas ungewöhnliche Utensilien mitnehmen: eine leere Klopapierrolle und eine leichte Isomatte. Wozu? Das werden wir gleich erfahren und ausprobieren. Wir suchen uns inmitten der imposanten Baumgestalten ein gemütliches Plätzchen, rollen die Isomatte auf dem Waldboden aus und legen uns bequem auf den Rücken. Im Sommer geht es natürlich auch ohne die wärmende Matte, aber jetzt Anfang April ist es am Boden doch noch recht kühl. Wir entspannen uns und lassen unseren Blick schweifen vom Stammfuß der Bäume bis in die ausladenden Kronen viele Meter über uns. Seltsam gezackt und knorrig verdreht scheinen ihre starken Äste, krumm und verwachsen. Diese markante Wuchsform ist typisch für die **Eiche.** (Die Unterschiede zwischen verschiedenen Eichen-Arten werden auf S. 73 dargestellt.) Sie hat so gar nichts von der Anmut einer Birke oder der Beschwingtheit einer Weide, nichts vom Ebenmaß der Linde oder der Leichtigkeit der Esche. Alte Eichen wirken trutzig, gewachsen wie für die Ewigkeit. Auch wenn viele der angeblich tausendjährigen Eichen, die es landauf, landab in Deutschland gibt, in Wirklichkeit jünger sind, so zählen sie doch zu den langlebigsten heimischen Vertretern der Bäume.

Alt wie ein Baum

Das natürliche Höchstalter von Baumarten ist sehr unterschiedlich: Während Birken und Schwarzerlen höchstens 120 Jahre alt werden, bringen es Eichen, Linden und Eiben auf 800 bis 1000 Jahre, die Eiche ausnahmsweise auch auf 1400 Jahre. Bei forstwirtschaftlicher Nutzung werden sie allerdings schon viel früher geschlagen, wenn sie die sogenannte »Hiebreife« erreichen. Die nebenstehende Tabelle nennt Altersangaben von Baumarten, die in unseren Wäldern zu finden sind.

Wahre Methusalems sind manche Westlichen Grannenkiefern in den Bergen Kaliforniens, die mehr als 4000 Jahre alt werden können, wie Analysen der Jahresringe belegen.

Die älteste lebende Vertreterin dieser Kiefernart, erst 2013 als solche entdeckt, ist sogar älter als 5000 Jahre. »Langlebige Kiefer« wird diese Art daher auch genannt. Doch es gibt noch betagtere Baumwesen: Den europäischen Rekord hält »Old Tjikko«, eine Fichte in der schwedischen Provinz Dalarna: Radiocarbon-Analysen von Resten eines Wurzelstücks erbrachten ein ungefähres Alter von 9550 Jahren. Allerdings handelt es sich anders als bei den Grannenkiefern hierbei um einen Klon-Baum: Der nur fünf Meter hohe Stamm ist viel jünger, entsprang aber als natürlicher, genetisch identischer Ableger (Klon) dem ursprünglichen Wurzelwerk. Im US-Bundesstaat Utah entstand auf diese Weise ein mehr als 40 Hektar großer Zitterpappel-Wald als gigantischer Organismus (»Pando«), dessen Wurzelsystem mit derselben Methode auf rund 80 000(!) Jahre datiert wurde. Eine aktuelle Studie legt allerdings den Schluss nahe, dass »Pandos« Tod schon sehr bald bevorstehen könnte.

Baumarten	Natürliches Alter	Durchschnittliches Alter in der Forstwirtschaft (Umtriebszeit)
Laubbäume		
Sommerlinde	1000 Jahre	120 – 140 Jahre
Eichen	800 (maximal 1400) Jahre	180 – 300 Jahre
Winterlinde	700 – 800 (maximal 1000) Jahre	120 – 140 Jahre
Bergahorn	500 Jahre	120 – 140 Jahre
Bergulme	400 Jahre	120 – 140 Jahre
Esche	300 Jahre	100 – 140 Jahre
Rotbuche	300 Jahre	120 – 140 Jahre
Schwarzpappel	300 Jahre	30 – 50 Jahre
Spitzahorn	150 Jahre	100 – 120 Jahre
Hainbuche	150 Jahre	60 – 100 Jahre
Birken	120 Jahre	60 – 80 Jahre
Schwarzerle	120 Jahre	60 – 80 Jahre
Nadelbäume		
Eibe	650 – 750 (maximal 1000) Jahre	wird nicht (mehr) forstwirtschaftlich genutzt, steht unter Naturschutz
Douglasie	700 (maximal 1000) Jahre	60 – 100 Jahre
Weißtanne	600 Jahre	90 – 130 Jahre
Lärche	200 – 400 (maximal 800) Jahre	100 – 140 Jahre
Fichte	200 – 300 (maximal 600) Jahre	80 – 120 Jahre
Kiefer	200 – 300 (maximal 600) Jahre	100 – 120 Jahre

Nun nehmen wir die Papprolle wie ein Fernrohr vor ein Auge, schließen das andere und erforschen einen der mächtigen Bäume wie unter einer Lupe. Durch diese eingeschränkte Perspektive nehmen wir Einzelheiten und sonst leicht übersehene Strukturen wie Narben und Verwachsungen viel besser wahr als in der Totale.

Die dicke, tief gefurchte, graubraune Borke ist teilweise bewachsen mit dunkelgrünen Moosen und grauen Flechten, eigenartigen Mischwesen aus Algen und Pilzen. An manchen Stellen sind auffallende, braune Vertiefungen zu sehen. Dort hat vermutlich ein Specht oder ein Kleiber Borkenstücke abgemeißelt, um an darunter lebende Insektenlarven zu gelangen. Jetzt folgen wir mit unserem Papprollen-Blick einem der vom Stamm abzweigenden Hauptäste bis in die feinen Verästelungen der jungen Triebe. An deren Enden sitzen die rötlich braunen, spitz-eiförmigen Winterknospen, aus denen gegen Ende des Monats die großen, typisch gelappten Eichenblätter sprießen werden. Stellenweise ist schon ein leichter grüner Schimmer erkennbar. Von dort wandern unsere Augen zurück zum massigen Stamm und folgen diesem weiter Richtung Krone – doch was war das? Ein braunes Etwas huschte gerade durch unser eingeschränktes Blickfeld. Eine Maus?

Schnell nehmen wir die Papprolle vom Auge, um einen besseren Überblick zu haben. Aufmerksam mustern wir den Stamm, das Fernglas schon einsatzbereit in

Frisch austreibender Eichenzweig

der Hand. Wir haben das Etwas aus den Augen verloren. Da – ein hohes, gereihtes »tiit tiit tiit« – das hört sich nach einem Vogel an. Jetzt haben wir wenigstens einen Anhaltspunkt, doch finde mal einer einen winzigen Vogel in einer riesigen Eiche ... Geduld ist wieder mal gefragt. Und wird irgendwann belohnt: Von der unserem Blick abgewandten Rückseite des Stammes kommt er hervorgeschlüpft. Schnell das Fernglas angesetzt, bevor er wieder entschwindet. Ja, jetzt können wir den Vogel deutlich von der Seite erkennen, und zum Glück hält er still, weil er mit seinem feinen, leicht abwärts gebogenen Schnabel in den Ritzen der Borke herumstochert. Helle Unterseite, bräunlich rindenfarbig gemusterte Oberseite – das ist zweifellos ein Baumläufer. Allerdings gibt es zwei sehr ähnlich gefärbte Zwillingsarten: den Waldbaumläufer und den Gartenbaumläufer.

Beide lassen sich im Freiland am besten an ihren unterschiedlichen Stimmen unterscheiden – und den jeweils bevorzugten Lebensräumen: Der Waldbaumläufer ist ein Bewohner fichtendominierter Mischwälder, sein optischer Zwilling lebt vor allem an Eichen und anderen grobborkigen Laubbäumen. Diese dürfen durchaus auch in Parks oder größeren Gärten wachsen, daher der Name Gartenbaumläufer. Der Vogel lässt jetzt auch mit leicht geöffnetem Schnabel seinen kurzen, aber markanten Gesang hören: »titi titiroitititt«. Ganz anders die Strophe des Waldbaumläufers, die an eine Mischung aus den Gesängen von Fitis (s. S. 52) und Blaumeise erinnert. Eindeutig: »Unser« Vogel ist ein **Gartenbaumläufer.** In ruckartigen Schüben, beidbeinig hüpfend, klettert er spiralförmig um den Stamm nach oben. Immer wieder hält er kurz inne, um die Borkenritzen nach kleinsten Insekten und Spinnen zu sondieren, von denen er sich hauptsächlich ernährt. Dabei stützt er sich wie ein Specht auf seine versteiften Schwanzfedern. Bald ist er auf diese Weise im oberen Kronenbereich angekommen und unserem Blick entschwunden. Plötzlich lässt sich der Winzling aus der Höhe wie ein Kamikaze-Flieger im Sturzflug mit angelegten Flügeln fallen – hoffentlich weiß er, was er tut! Doch kurz über dem Boden schwenkt er elegant und ohne erkennbaren Flügelschlag in die Horizontale und gleitet in sanftem Schwung an den Fuß eines Nachbarbaumes. Dort strebt der Vogel wiederum spiralig am Stamm empor – ein ganz typisches Verhalten der Baumläufer.

Wir wollen schon unsere Sachen einpacken und weitergehen, da erschallt direkt über uns ein lautes, explosives »twit twit twit twitwitwit twit twit« ... Das ist gut zu orten, und so haben wir den Urheber schnell entdeckt, einen **Kleiber.** Diese Rufe lässt er bei vielen Gelegenheiten hören, bei Störungen wie bei Auseinandersetzungen mit Artgenossen oder anderen Vogelarten. Auch sein Gesang, eine

Reihe gellender Pfiffe, ist unverkennbar. Anders als die Baumläufer sind Kleiber durch ihre Stimme, die kontrastreiche Gefiederfärbung, die kompakte, halslos wirkende Gestalt und ihr lebhaftes Temperament sehr auffallende Bewohner von Eichenmischwäldern. Im Winter kommen sie auch regelmäßig an Futterstellen, wo sie sich gern an Sonnenblumenkernen bedienen. Im Sommer bevorzugen die Vögel allerdings tierische Kost. Die finden sie wie die Baumläufer vor allem in den Ritzen der grobrissigen Eichenborke oder unter der Rinde, aber auch an Zweigen und Blättern. Mindestens 500 verschiedene Insektenarten, nach anderen Quellen gar doppelt so viele, wurden an Eichen bisher insgesamt gefunden – keine andere heimische Baumart beherbergt ein reicheres Tierleben. Nur Weiden, Pappeln und Birken haben für Schmetterlinge, Käfer und Co. eine ähnlich hohe Bedeutung. Entsprechend groß ist das Nahrungsangebot der Eiche für Vögel – neben Kleiber und Gartenbaumläufer leben dort auch verschiedene Spechte wie etwa der auf alte Eichenwälder spezialisierte Mittelspecht, der zur Gruppe der schwarz-weiß-rot gezeichneten Buntspechte gehört. Auch Kohlmeise und Blaumeise, heute in jedem Garten zuhause, sind ursprünglich Bewohner von Eichenwäldern.

Die genannten Meisen nutzen in der Regel unterschiedliche Bereiche eines Baumes. Auf diese Weise vermeiden sie Konkurrenz bei der Nahrungssuche im selben Lebensraum. Die Kohlmeise bewegt sich eher auf den kräftigeren Ästen und Zweigen im unteren Bereich, im Stammbereich und auch am Boden. Häufig hackt sie wie ein Specht Löcher in die Rinde, um verborgene Insekten aufzuspüren. Die kleinere und leichtere Blaumeise dagegen turnt akrobatisch und häufig mit dem Rücken nach unten hängend durch die feinen Zweige im Kronendach von Bäumen und Sträuchern, sammelt Kleintiere von den Unterseiten der Blätter oder pickt sie geschickt aus Knospen, verholzten Stängeln oder eingerollten Blättern.

Der spitze, kräftige Meisenschnabel eignet sich ganz besonders gut zum Hämmern, Hacken und Zerren. Baumläufer, Kleiber und Mittelspecht bilden dagegen die »Stocherfraktion«, wobei die jeweils unterschiedliche Form und Stärke ihrer Schnäbel ebenfalls auf eine ökologische Differenzierung bei der Nahrungssuche hinweist. Der Buntspecht, dem Mittelspecht nah verwandt, ist im Gegensatz zu diesem ein typischer »Hackspecht«, der mit wuchtigen Schlägen seines Meißelschnabels im Holz verborgene Käferlarven freilegt oder sie mit seiner langen, beweglichen Zunge in ihren Fraßgängen aufspürt. Als typischer Generalist ist der Buntspecht hinsichtlich der Technik seiner Nahrungssuche allerdings sehr flexibel. Tipp: Fettfutter, in Borkenritzen geschmiert, bietet den genannten Vogelarten im Winter ein zusätzliches Nahrungsangebot.

Der Kleiber wird auch Spechtmeise genannt.

Der Kleiber, etwa so groß wie eine Kohlmeise, wird auch Spechtmeise genannt, doch gehört er nicht zur Familie der Meisen und schon gar nicht zu den Spechten, sondern bildet eine eigene Familie innerhalb der Singvögel, die in Mitteleuropa nur mit dieser einen Art vertreten ist. Sein Name nimmt Bezug auf seine Eigenheit, die Einschlupflöcher seiner Bruthöhlen, oftmals alte Spechthöhlen, mit gesammeltem Lehm bis auf seine Körpergröße zuzumörteln: Die mittelhochdeutsche Bezeichnung »Kleiber« wurde früher für Handwerker verwendet, die

Rinde oder Borke?

So wie Tiere eine Haut besitzen, braucht auch ein Baum eine schützende Außenhülle. Das primäre Abschlussgewebe eines Keimlings ist die Epidermis. Mit zunehmendem Dickenwachstum reißt die nicht mehr teilungsfähige Epidermis auf, der junge Baum muss ein neues, sekundäres Abschlussgewebe aufbauen. Dieses sogenannte Oberflächen-Periderm besteht aus einer teilungsfähigen Zellschicht (Korkkambium), die nach innen Korkrinde und nach außen Kork abgibt. Gemeinsam bilden sie die Rinde eines Baumes. Die Korkzellen werden durch Auflagerung des Biopolymer-Moleküls Suberin auf die Zellwände wasserundurchlässig, danach sterben sie ab. Gerbsäuren schützen den Kork zusätzlich vor Verrottung, eindringenden Insekten und Pilzbefall, die eingeschlossene Luft wirkt wie eine Wärmeisolierung.

Bei manchen Bäumen wie der Rotbuche bleibt diese Rinde ein Leben lang bestehen. Bei anderen wie den Eichen kann die ursprünglich gebildete Rinde dem starken Dickenwachstum nicht folgen, sie würde reißen und könnte ihre Schutzfunktion vor Verletzungen, Witterungseinflüssen, Feuer, Pilzen und Schadinsekten nicht mehr wahrnehmen. Der Baum bildet daher mit zunehmendem Wachstum im peripheren Stamminneren nacheinander zahlreiche weitere Peridermschichten. Die auf diese Weise abgeschnittenen jeweils äußeren Teile des unter der Rinde liegenden Bastgewebes (in dem der Transport von im Wasser gelösten Nährstoffen von der Krone in die Wurzel erfolgt) sterben ab und bilden zusammen mit dem alten Periderm ein tertiäres Abschlussgewebe, die Borke. Diese kann im Laufe vieler Jahre zu massiven Platten anwachsen, etwa bei der Korkeiche, deren Borke in Spanien und vor allem in Portugal in regelmäßigen Abständen geerntet und anschließend zu Flaschenkorken, Korkfußböden, Dämmmaterial und anderem verarbeitet wird. Geschredderte Borke aus heimischen Wäldern (meistens von Kiefern) wird verbreitet als »Rinden«mulch oder Torfersatz im Gartenbau verwendet.

Die Borke verschiedener Baumarten kann sich in ihrer Ausprägung und Färbung stark unterscheiden und erlaubt häufig eine Bestimmung zumindest auf Gattungsniveau. Nicht selten verändert sich allerdings die Außenhaut mit zunehmendem Alter des Baumes: So entwickelt eine Buche im hohen Alter vor allem im unteren Stammbereich eine zunehmend rissige Rinde – was wir selten sehen, da Buchen im normalen Forstbetrieb bereits im Alter von 120 bis 140 Jahren geschlagen werden, wenn sie noch glattrindig sind.

Warum aber hat eine Buche eine glatte und vergleichsweise dünne Rinde, eine gleichaltrige Eiche jedoch eine dicke Borke? Das dürfte vor allem damit zu tun haben, dass die Eiche ein Lichtbaum ist, der entweder auf freier Fläche in der halboffenen Weidelandschaft

(s. S. 66) aufwächst oder im lichten Bestand, in dem das Sonnenlicht bis auf den Boden fällt. Die dicke, isolierende Borke schützt vor starken Temperaturschwankungen, vor allem aber vor zu starker Sonneneinstrahlung, denn auch Bäume können Sonnenbrand bekommen. Das sieht man an Buchen, die im normalerweise tiefschattigen Buchenwald (s. S. 29) stehen und plötzlich durch Sturmschäden oder menschlichen Eingriff freigestellt werden: Ihre Rinde kann regelrecht verbrennen und aufplatzen, schädigende Pilze oder Insekten können ungehindert eindringen. Buchen, die im Freistand aufwachsen, etwa als gepflanzter Solitärbaum in einem Park, entgehen dieser Gefahr durch Eigenbeschattung: Solche Bäume sind bis unten hin dicht beastet und belaubt.

beim Hausbau Lehmwände erstellten. Selbst die weiten Fluglöcher von Schwarzspechthöhlen oder künstlichen Nisthilfen für Waldkäuze werden auf Kleibermaß gebracht, um größere Konkurrenten und Feinde auszusperren. Die Vögel leisten dabei Erstaunliches: In zwei konkreten Fällen wog das an Waldkauzkästen mit einem Flugloch-Durchmesser von 12 Zentimetern üppig in dicker Schicht verbaute Lehmmaterial luftgetrocknet 1650 Gramm beziehungsweise 1420 Gramm. Allein für das Herbeischaffen der durchschnittlich 1,5 Gramm leichten Lehmportionen waren knapp 1000 bis 1100 Sammelflüge notwendig.

Das »Kleiben« liegt dem Vogel allerdings so sehr im Blut, dass er dieses Verhalten nicht selten auch bei passender Lochgröße zeigt und dann wenigstens etwas Lehm außenherum schmiert, vor allem bei Naturhöhlen. Nur selten brütet er in herkömmlichen Meisenkästen. Es ist die Geräumigkeit einer Großhöhle, die den Vogel anzieht, auch wenn er dafür die Öffnung verkleinern muss, denn in großen Höhlen sind die Zahl der gelegten Eier und die der erfolgreich ausfliegenden Jungen und somit der Bruterfolg deutlich größer als in kleineren Höhlen. Als Nistmaterial werden – typisch für den Kleiber – stets nur kleine, dünne Borkenstücke (gerne von Kiefern) eingetragen.

Im Gegensatz dazu legen Baumläufer ihre typisch dreischichtigen Nester nicht in Baumhöhlen an, sondern am liebsten in Rissen und Spalten, zum Beispiel in schmalen Hohlräumen zwischen teilweise abgeplatzter Borke und Holz.

Anders als Spechte und Baumläufer sind Kleiber in der Lage, auch kopfunter an einem Stamm herunterzulaufen. An dünnen Zweigen, die der Vogel mit seinen Zehen umgreifen kann, oder an Ästen mit rauer Borke vermag er auch ein Stück weit auf der Unterseite entlang zu klettern. Dabei stochert er in den Ritzen nach Insekten und Spinnen oder sammelt sie von Ästen und Blättern ab. Besonders im Winterhalbjahr sucht der Kleiber auch nach versteckter Beute, indem er dünne Borkenteile oder Flechtenbewuchs mit dem kräftigen Schnabel abhebt oder abstemmt. Große Beutetiere mit hartem Chitinpanzer wie Käfer oder Heuschrecken werden auf besondere Weise bearbeitet: Der Vogel klemmt sie in passende Ritzen und Spalten der Borke und bearbeitet sie dort schnabelgerecht, er frisst nur die Weichteile, der Rest bleibt in der »Werkbank« stecken. Auf dieselbe Weise verfährt der Kleiber auch mit Baumfrüchten wie Eicheln und Bucheckern oder mit den von ihm sehr geschätzten Sonnenblumenkernen, um die nahrhaften Keimlinge aus der hartschaligen »Verpackung« herauszuhacken. Überschüssige Nahrung wird gern für den späteren Verzehr gebunkert (s. dazu auch S. 126) – häufig ebenfalls in Ritzen und Spalten von Bäumen.

Eine grobrissige Borke hat für den Kleiber also viele Vorteile – für einen Baum wie die Eiche jedoch auch Nachteile: Dort können sich zahlreiche Kleintiere verstecken, die dem Baum schaden könnten. Die art- und altersspezifische Ausprägung der Borke oder Rinde eines Baumes wird also (unter anderem) bestimmt von dem Zwiespalt zwischen Sonnenschutz und Feindvermeidung. Sie entscheidet somit (ebenso wie das von den beteiligten Bäumen geprägte jeweilige Kleinklima) auch über das Nahrungsangebot für viele Vogelarten wie Meisen und Gartenbaumläufer, Mittelspecht und Kleiber, die aus diesem Grunde im forstlich genutzten Buchenwald entweder gar nicht oder sehr viel seltener vorkommen als in einem Eichenwald.

Der deutscheste aller Bäume – von der Donar-Eiche zur Schrankwand

Eichen sind im Alter knorrige Baumgestalten, kraftvoll, unbeugsam und fest verwurzelt – Eigenschaften, die man auch den alten Germanen zuschrieb, die die Eiche ihrer Gottheit Donar (alias Thor in der nordischen Mythologie) geweiht hatten. Ihnen und auch den Kelten war der Baum heilig. Das änderte sich im Zuge der Christianisierung der Germanen durch Bischof Bonifatius im achten Jahrhundert n. Chr. Er wagte es, den Baum der Bäume, die als zentrales Heiligtum verehrte, uralte Donar-Eiche auf einem Berg nahe der heutigen Stadt Kassel zu fällen – ohne dass der Donnergott den Missionar zur Vergeltung mit einem seiner gefürchteten Blitze niederstreckte. Damit verlor die Verehrung der Eichen an Bedeutung. Doch nur vorübergehend: Seit dem 18. Jahrhundert wurden Eichenlaub und Eichenfrüchte zu beliebten Bestandteilen deutscher Wappen. Mit dem Dichter Friedrich Gottlieb Klopstock (1724 – 1803) und seinen Werken begann ein regelrechter patriotischer Kult um die »deutsche Eiche«. Ausläufer dieser Bewegung reichen bis in die jüngste Neuzeit: In den Jahrzehnten nach dem Zweiten Weltkrieg war die massive Schrankwand »Eiche rustikal« der Stolz vieler gutbürgerlicher Wohnstuben.

Kleiner Sänger im Klimastress

Waldlichtung im April

Fitis und Zilpzalp

Mitte April sind wir unterwegs in einer abwechslungsreichen Waldlandschaft. Laubbäume und Nadelhölzer wechseln sich ab, durchdringen sich und bilden einen mehrstufig aufgebauten Mischwald. Entsprechend vielfältig ist um diese Jahreszeit das Vogelkonzert. Noch sind nicht alle Zugvögel aus dem fernen Süden zurückgekehrt, doch auch so ist akustisch eine Menge los:

Zwischen dem melodischen Flöten der Amseln und den variablen, weittragenden Strophen zweier Singdrosseln erklingt das silberhelle Perlen eines Rotkehlchens, der kraftvolle Schlag der Buchfinken, das Läuten und Trillern verschiedener Meisen. Ein Buntspecht trommelt und kickst, Ringeltauben gurren, der Zaunkönig lässt seine erstaunlich laute Strophe aus einem Brombeerdickicht ertönen. Stare schwatzen in den Baumkronen, auch die Sopranstimmen mehrerer Mönchsgrasmücken können wir deutlich heraushören. Doch im Hintergrund ist noch ein anderer Vogelgesang zu vernehmen, nicht so vertraut wie jener der häufigen Waldvögel.

Um ihn deutlicher hören und den Sänger bestimmen zu können, müssen wir ein gutes Stück näher herangehen. Da hören wir es wieder: eine weich schwebende, etwas wehmütig klingende, zum Ende hin absinkende Flötenstrophe, vom Charakter her wie ein zu Boden gleitendes Blatt, zu umschreiben etwa mit den Silben »Fitis-sisi-sisihsisi-e-sisiä-sisisieh«. Der Sänger wechselt dabei zwischen mehreren leicht abweichenden Strophentypen. Sein Name nimmt Bezug auf die einleitenden Silben: Es ist der Fitis-Laubsänger, kurz **Fitis** genannt.

Fortgeschrittene Vogelfreunde wissen, dass der Fitis anders als viele der zuvor genannten Arten kein Vogel des geschlossenen Waldes ist. Aus seinen Ansprüchen an den Lebensraum können wir schließen, dass wir gleich auf eine größere, verbuschte Lichtung stoßen werden. Und tatsächlich: Bald stehen wir vor einer mit jungen Birken und Pfeifengras-Bulten bestandenen Moorfläche mitten im Wald. Genauer gesagt, vor den durch Gräben entwässerten Überresten eines kleinen Waldmoores – trocken genug, dass sich **Moorbirken** in großer Zahl ansiedeln konnten. Sie kommen gut auf den sauren, feuchten und nährstoffarmen Moorböden zurecht. Und diese Bäume verbrauchen ihrerseits viel Wasser: Eine

Die Sandbirke heißt wegen
ihrer hängenden Zweigspitzen
auch Hängebirke.

ausgewachsene Birke kann an einem heißen Sommertag bis zu 500 Liter Wasser verdunsten, ein ganzer Bestand daher ein Moor vollends trockenlegen.

Noch ist der Moorbirken-Bestand, der sich gerade im zarten, frischen Grün zeigt, vermutlich erst wenige Jahre alt, doch diese Bäume sind wie alle Birken besonders in ihrer Jugend extrem schnellwüchsig. Schon nach etwa sechs Jahren können sie bis zu sieben Meter hoch sein. Im Alter verlangsamt sich ihr Wachstum, das bei 23 bis 25 Metern zum Stillstand kommt. Einzelne Exemplare können auch die 30-Meter-Marke erreichen. Wollen wir doch einmal schauen, ob wir neben den Moorbirken auch Exemplare der **Hängebirke** finden.

Erhaltung von Mooren und Heiden versus natürliche Waldentwicklung

Entwässerte Moore und Feuchtwiesen werden ähnlich wie Trockenrasen und Sandheiden (s. dazu auch S. 79) ohne pflegende Eingriffe des Menschen im Zuge einer fortschreitenden Vegetationsentwicklung hin zum Wald (Sukzession) sehr schnell von Pionierbäumen wie Birken, Weiden und Kiefern überwachsen. Damit verschwinden Lebensräume etwa für Eidechsen, wärmeliebende Insekten, Orchideen und andere Tiere und Pflanzen, die an diese Offenland-Biotope angepasst und von diesen abhängig sind. Will man diese Lebensräume erhalten, muss der aufwachsende Baumjungwuchs, sogenannte Kussel, regelmäßig entfernt werden.

Dies geschieht entweder durch Beweidung mit robusten Rassen von Rindern, Pferden, Schafen und Ziegen, die die Jungbäume verbeißen, oder durch eine manuelle oder maschinelle Beseitigung. Dazu veranstalten Naturschutzvereine oder Landschaftspflegeverbände regelmäßige Arbeitseinsätze zur sogenannten Entkusselung dieser Flächen, bei denen jede helfende Hand willkommen ist. Mit Hacke, Spaten, Freischneider und Säge werden die Jungbäume entfernt. Diese Aktionen müssen möglichst jährlich wiederholt werden, denn zusätzlich zu neu auflaufenden Kusseln schlagen Gehölze, die nur abgesägt und nicht mitsamt Wurzeln entfernt wurden, häufig umso buschiger wieder aus. Während kräftige Menschen junge Kiefern bis zur Größe von etwa einem Meter oft komplett mit der Pfahlwurzel aus dem Boden ziehen können, müssen bereits wesentlich kleinere Birken ausgegraben oder unter der Bodendecke abgehackt werden. Bei älteren Jungbäumen hilft nur der Einsatz von Motorsägen.

Im Falle der Pflege und Renaturierung einstmals entwässerter Moore ist eine Anhebung des Wasserstandes durch das Verschließen von Entwässerungsgräben oft das beste Mittel. Durch diesen Wiederanstau sterben aufgekommene Moorbirken ab. Die moortypische Vegetation mit Arten wie Torfmoos, Wollgras, Gelber Moorlilie und Lungenenzian kann wieder wachsen, und die Zersetzung der Torfböden und damit die Freisetzung von klimaschädlichem Kohlendioxid werden gestoppt. Dies dient dem Artenschutz und Biotopschutz genauso wie dem notwendigen Klimaschutz.

Ihren Namen trägt sie nach ihren anmutig herabhängenden Zweigspitzen. Da sie auf trockene, sandige Böden spezialisiert ist, nennt man sie auch **Sandbirke.** In den trockeneren Randbereichen dieses Birkenmoores sollten wir also am ehesten fündig werden. Die Hängebirke hat anfangs eine weiße, glatte Rinde, die mit zunehmendem Alter borkig aufplatzt und dann zunächst ein für diese Baumart typisches unregelmäßiges, schwarzes Rautenmuster zeigt, das sich später immer stärker ausdehnt. Die weiße Rindenfarbe reflektiert das Sonnenlicht und ist als Anpassung an offene, stark besonnte Lebensräume zu verstehen, die vor allem die jungen Bäume vor Sonnenbrand schützt (s. auch S. 48).

Die Stämme der Moorbirke sind, gerade in der Jugend, deutlich dunkler gefärbt und bilden keine rhombische Felderung. Jetzt zur Zeit des Laubaustriebs kann man einen weiteren Unterschied zwischen beiden Arten sehen und vor allem erfühlen: Die frischen Blätter der Moorbirke sind samtig behaart, ganz besonders im Bereich der Blattadern, ebenso auch die jungen Triebe. Bei der Sandbirke sind beide dagegen glatt. Ja, tatsächlich – am Rand des aufwachsenden Moorbirkenwaldes finden wir anhand dieser Merkmale einige schon etwas ältere Exemplare der Hängebirke.

Diese monotonen, mehr oder weniger gleichaltrigen und gleich hohen Bestände junger Birken, wie wir sie hier vor uns sehen, haben vogelkundlich nicht viel zu bieten. Allein der Fitis, dessen schwebenden Gesang wir aus der Entfernung hörten, ist die Charakterart solcher frühen Stadien der Waldentwicklung. Wie bei vielen Singvögeln ist auch hier weniger die Baumart als vielmehr die Struktur der Vegetation entscheidend für sein Vorkommen. Wichtig ist auch ein ungehinderter Sonneneinfall bis auf den Boden, schattige Standorte meidet der Fitis.

Natürlich wollen wir den Vogel jetzt nicht nur hören, sondern auch sehen. Das ist nicht allzu schwierig, denn beim Singen sitzt er oft recht offen und zeigt nur wenig Scheu vor einem ruhig dastehenden Menschen. Bei der Nahrungssuche allerdings ist der Fitis durchaus lebhaft unterwegs und schlüpft behände durch die Zweige, ähnlich wie eine Meise. Es dauert nicht lange, bis wir ihn mit dem Fernglas entdeckt haben: ein graugrünes Vögelchen mit spitzem Schnabel, der ihn als Insektenfresser ausweist. Würde er nicht unablässig seine charakteristischen Schwebe-Strophen singen, könnte man den Vogel mit seinem optischen »Zwilling« verwechseln, dem **Zilpzalp** oder Weidenlaubsänger. Dessen einfacher Gesang ist unverwechselbar und dürfte auch vielen ornithologischen Laien vertraut sein: Es ist eine monoton klingende Abfolge von Silben in rhythmisch wechselnder Tonhöhe, oft abgeschlossen oder unterbrochen von hölzern klingenden Elementen:

»zip zalp zip zalp zip zelp zilp zalp zalp zilp zlp ... tzr tzr«. Neben den beiden Hauptsilben, die dem Zilpzalp seinen lautmalerischen Namen gaben, verfügt jeder Sänger noch über mehrere weitere Variationen. Überhaupt ist der scheinbar einförmige Gesang komplexer als man meinen möchte: Wissenschaftler haben mithilfe einer besonderen Methode, mit der sich Vogellaute als sogenannte Sonagramme grafisch abbilden lassen, festgestellt, dass es nicht nur erhebliche individuelle Unterschiede zwischen einzelnen Sängern gibt, sondern auch spezielle Ausprägungen etwa für die Brautwerbung oder Aggression gegen einen Rivalen.

Nicht immer allerdings ist die Sache so einfach, wie es scheint: Es gibt auch sogenannte Mischsänger, die die Strophen beider Arten beherrschen. Dabei soll es sich nach Angaben in der Fachliteratur entweder um seltene Hybriden aus beiden Arten handeln, oder aber – soweit die genaue Artzugehörigkeit überprüft werden konnte – um Fitisse, die Zilpzalp-Strophen übernommen haben. Bei genauer Analyse wird nämlich deutlich, dass bestimmte Gesangselemente beider Arten, trotz des so unterschiedlichen Gesamteindrucks ihrer Gesänge, sehr ähnlich sind. Bei Versuchen mit in Gefangenschaft gehaltenen Vögeln zeigte sich zudem, dass der Fitis in der Lage ist, den Gesang der Schwesterart zu lernen, nicht jedoch umgekehrt. Möglicherweise ist dem Zilpzalp der Gesang also in stärkerem Maße angeboren als dem Fitis, der wie praktisch alle anderen Singvögel auch (soweit bekannt) seinen Gesang in der Jugend erst lernen muss.

Optisch lassen sich die beiden Arten nicht so leicht unterscheiden: In der Regel hat der Zilpzalp dunklere Beine als der Fitis, der zudem deutlich langflügeliger ist. Ein sicheres Unterscheidungsmerkmal ist die Handschwingenprojektion: das Ausmaß, in dem bei geschlossenen Flügeln die Handschwingen die Spitzen der Schirmfedern überragen. Die auffallenden Unterschiede hinsichtlich der Flügellänge sind ein Hinweis auf unterschiedliches Zugverhalten (s. S. 57).

Der Zilpzalp stellt etwas andere Ansprüche an seinen Lebensraum als der Fitis und bevorzugt mehrschichtig strukturierte Lebensräume. Man findet ihn daher zum Beispiel in sonnigen, unterholzreichen Laubmischwäldern, in alten Hecken und Fichtenschonungen ebenso wie auf Waldfriedhöfen, in Parks und größeren Gärten. Da er zudem nur kleine Reviere von ein bis zwei Hektar Größe benötigt, bei guten Bedingungen sogar noch weniger, können viele Paare auf geringer Fläche brüten. Der kleine Vogel zählt daher zu den häufigsten Arten in Deutschland. Durch seine ausgeprägte Tendenz zur Verstädterung, also die Besiedlung städtischer Grünflächen (s. auch ab S. 165), macht er regionale Rückgänge in der freien Landschaft wett.

Der unscheinbar gefärbte Fitis hat einen melodischen Gesang.

Der Fitis dagegen ist als Brutvogel in Parks und Gärten kaum anzutreffen, er besiedelt am liebsten feuchte Waldlichtungen mit üppigem Baumjungwuchs oder die Ränder von Au- und Bruchwäldern. Weil er noch geringere Raumansprüche hat als der Zilpzalp, findet man ihn auch außerhalb von Wäldern, zum Beispiel in Weidengebüsch entlang von Wiesengräben oder in aufgelassenen Kiesgruben. Solche Biotope sind keineswegs selten, doch stellten Vogelkundler im Rahmen jährlicher systematischer Bestandsaufnahmen der Brutvogelwelt in den letzten Jahrzehnten einen deutlichen Rückgang des Fitis fest: Seit 1990 ist sein Bestand bundesweit um etwa ein Fünftel zurückgegangen, regional sogar noch viel stärker – eine Tendenz, die auch europaweit zu beklagen ist. Die Ursachen dürften komplexer Natur sein:

Der Zilpzalp überwintert als Kurzstreckenzieher im Mittelmeerraum, in milden Wintern in zunehmender Anzahl auch in Deutschland. Der Fitis ist hingegen ein Langstreckenzieher mit Winterquartieren im tropischen Afrika. Er ist daher deutlich mehr Gefahren ausgesetzt als der Zilpzalp: In Afrika sind die Auswirkungen des fortschreitenden Klimawandels bereits jetzt deutlich spürbar, vor allem durch die Ausbreitung der Wüsten. Für einen Vogel wie den Fitis, so klein und leicht wie eine Blaumeise, ist die Überquerung des gut 2000 Kilometer breiten Saharagürtels ein unfassbarer Kraftakt, der alle Fettreserven aufzehrt. Im Notfall werden sogar nicht unmittelbar lebensnotwendige Organe angedaut, um zusätzliche Energie zu gewinnen. Jeder Kilometer, um den sich die Wüste verbreitert, kann schon zu viel sein, zumal die Reise des Vogels damit noch nicht zu Ende ist: Je nachdem, wo er brütet und in welcher Region Afrikas er sein Winterquartier aufschlägt, fliegt ein Fitis bis dorthin zwischen 6000 und 11 000 Kilometer – und im Frühjahr dieselbe Strecke zurück!

Doch auch im hiesigen Brutgebiet dürfte der Klimawandel dem Fitis (wie auch anderen Vogelarten) mittelfristig zusetzen: Wissenschaftler haben Prognosen berechnet, wie sich zukünftige Klimaveränderungen auf die Verbreitung von Vogelarten auswirken werden. Auch der Fitis gehört zu den klimasensitiven Arten, deren Verbreitungsareal sich weiter nach Norden und in höhere Lagen verschieben dürfte. Bereits jetzt zeigt seine Verbreitung ein natürlicherweise deutlich ausgeprägtes Nord-Süd-Gefälle: Im Norden Deutschlands sind die melodisch-schwebenden Flötenstrophen des Fitis viel häufiger zu hören als im Süden der Republik, und in den Birkenwäldern Skandinaviens zählt er zu den häufigsten Vogelarten überhaupt.

Dem Zilpzalp, bislang ein deutlicher Gewinner im Klimawandel, wird der Bestandsrückgang des Fitis möglicherweise recht sein: Zumindest dort, wo beide Zwillingsarten in enger Nachbarschaft leben, dürfte er von verminderter Konkurrenz um Raum und Nahrung profitieren.

Birken und Buchen – unterschiedliche Strategien der Besiedlung von Lebensräumen und ihrer Behauptung

Birken sind typische Pionierarten, die offene Böden sehr schnell besiedeln können. Sie produzieren – manche bereits im Alter von nur fünf Jahren – Unmengen von winzigen, geflügelten Samen, die vom Wind weit verbreitet werden. Es wurden schon bis zu 50 000 Birkensamen pro Quadratmeter gezählt. Auch wenn nur ein verschwindend geringer Teil davon tatsächlich geeignete Keimbedingungen findet, ist durch den gewaltigen Streuungseffekt gewährleistet, dass Birken immer wieder neue Lebensräume erobern können. Ihr enorm schnelles Jugendwachstum verschafft ihnen einen Vorsprung vor der Konkurrenz krautiger Pflanzen oder anderem Baumjungwuchs.

Aufgrund ihrer physiologischen Anpassungen sind Moorbirken auf sauren, nassen und nährstoffarmen Böden anderen Bäumen auch längerfristig überlegen, ähnlich wie die Schwarzerlen (s. S. 22) auf entsprechenden basenreichen Standorten. Im Fall der extrem lichtbedürftigen Sandbirken auf »normalen« Böden sieht dies anders aus: Über kurz oder lang werden diese von anderen Bäumen, die sich im Laufe von Jahren oder Jahrzehnten ebenfalls dort ansiedeln, überwachsen und ausgedunkelt. Doch bis es so weit ist, wissen sie sich gegen Konkurrenz zu behaupten: Die äußeren, hängenden Zweige der Sandbirken sind mit winzigen, rauen Korkwarzen dicht besetzt, die wie Schleifpapier wirken, wenn sie bei Wind beständig durch die Kronen benachbarter Bäumchen peitschen und dort im Kampf um das Sonnenlicht regelrechte Schneisen freischleifen können. Mit ihrem Wurzelwerk, das als dichtes Geflecht nur knapp unter der Bodenoberfläche verläuft, beanspruchen sie zudem einen Großteil an Wasser und Nährstoffen für sich. Daher herrschen unter Birken schwierige Wuchsbedingungen für andere Pflanzenarten. Trotzdem erreichen etwa auf Waldlichtungen aufwachsende Sandbirken in den wenigsten Fällen ihr Höchstalter von etwa 120 Jahren, der Birkenaufwuchs stellt lediglich die erste Phase der Wiederbewaldung dar. Nur auf sandigen, nährstoffarmen Böden können sie zusammen mit Stieleichen oder Traubeneichen (s. S. 73) auch längerfristig stabile Waldgesellschaften bilden.

Eine ganz andere Strategie verfolgt die langlebige Rotbuche (s. ab S. 29): Sie beginnt erst im fortgeschrittenen Alter mit der Samenbildung und produziert zudem in unregelmäßigen Abständen von mehreren Jahren große Mengen an schweren Früchten (s. S. 124), und der größte Teil davon bleibt direkt unter den Mutterbäumen liegen. Im tiefen Schatten des Buchenwaldes ist es jedoch nicht nur viel zu dunkel für andere Baumarten, sondern auch für die jungen Buchen-Bäumchen. Sie können keine ausreichende Fotosynthese betreiben und daher nur extrem langsam wachsen. Damit der eigene Nachwuchs nicht verhungert, versorgen ihn die alten Buchen mit Nährstoffen über symbiontische Mykorrhiza-Pilze, die das Wurzelwerk wie ein feines Gespinst umhüllen und verschiedene Baum-Individuen untereinander vernetzen (s. S. 88) – so lange, bis eine der alten Buchen abstirbt oder im Sturm fällt. Dann erst gelangt genügend Sonnenlicht in die unteren Waldstockwerke, sodass die mittlerweile vielleicht schon viele Jahrzehnte alten »Jung«-Buchen in die Höhe schießen können. Doch nur wenige werden sich im Wettbewerb um Licht und Nährstoffe durchsetzen und schließlich selbst zu gewaltigen Baumrecken werden. Im Gegensatz zur Sandbirke ist die Rotbuche kein Pionier, sondern erobert neue Lebensräume nur sehr langsam, dafür aber nachhaltig.

Der Würger im Weißdorn

Feldhecke im Mai **Neuntöter**

Ein sonniger Nachmittag Mitte Mai. Die mächtige **Weißdornhecke** zwischen Rinderweide und Brachland, die unseren Weg durch die Feldmark säumt, steht in voller Blüte. Wie überschüttet wirken die dornigen Sträucher mit unzähligen kleinen, weißen Scheibenblüten, die weithin leuchten und aus der Nähe einen strengen Geruch verströmen. Ein paar sparrige **Schlehenbüsche** wachsen dazwischen, doch deren Blütezeit ist längst vorüber.

Beim Vorbeigehen bemerken wir einen Maikäfer, der auf einen Schlehendorn gespießt ist. Maikäfer sind keine geschickten Flieger – ist der arme Kerl vielleicht verunglückt? Aber da ist ja noch einer und noch ein dritter – auch eine dicke Erdhummel hat dasselbe Schicksal ereilt. Alle akkurat auf Dornen gespießt – ein makaberer Anblick. Die können doch nicht alle auf die gleiche Weise verunglückt sein – seltsam. Ach, und was ist denn das? Die Überreste einer kleinen Maus, ebenso aufgespießt! Wer war hier am Werk, wer tut so etwas?

»Dschäh«. Ein ungewohntes Geräusch lässt uns aufhorchen. Was war das? »Dschrää«, ertönt es abermals, diesmal etwas rauer und härter. Wir treten einige Meter zurück, um eine bessere Übersicht zu haben. »Dschrää – tek«. Das lässt sich gut orten – und tatsächlich: Da sitzt ein etwa lerchengroßer Vogel auf der höchsten Spitze eines Weißdornbusches – ganz frei. Mit dem Fernglas können wir die bunte Färbung seines Gefieders gut erkennen: Kopf und Nacken grau, weißliche Kehle, die Unterseite rosa-beigefarben und die Oberseite kräftig rotbraun gefärbt – eine aparte Erscheinung. Auffälligstes Merkmal ist aber eine breite schwarze Binde, die vom Schnabel bis hinter die Augen reicht und aussieht wie die Banditenmasken der Gauner von der »Panzerknacker-AG« aus den Donald-Duck-Comics. Kein Zweifel: Wir haben einen **Neuntöter** vor uns, auch Rotrückenwürger genannt, und zwar ein Männchen. Das Weibchen ist wesentlich unscheinbarer gefärbt, mit braunem Kopf und weniger ausgeprägter Maske.

Wir beschließen, den Vogel aus gebührendem Abstand weiter zu beobachten, und entfernen uns ein wenig. Bald beruhigt er sich, die Erregungs- und Warnrufe, die uns auf ihn aufmerksam werden ließen, verstummen. Offensichtlich hat der Neuntöter, vielleicht vor Kurzem erst aus seinem afrikanischen Winterquartier

Der Neuntöter oder Rotrückenwürger spießt Beutetiere auf Dornen.

zurückgekehrt, hier sein Revier bezogen, das er von seiner hohen Warte aus aufmerksam überblickt. Plötzlich fliegt er entschlossen zwischen die niedrige Vegetation am Wegesrand, hackt am Boden auf etwas ein, kehrt mit vollem Schnabel zurück zur Hecke – und spießt es auf einen Dorn!

Dieser Vogel, im Volksmund auch »Dorndreher« genannt, ist also ist für das Gemetzel verantwortlich, und wir haben seine Vorratskammer entdeckt. Ist Beute im Überfluss vorhanden, wird sie auf diese Weise für schlechtere Zeiten gebunkert. Es wurden schon Ansammlungen von sieben Mäusen und 30 Maikäfern gefunden. Wegen dieser Eigenheit glaubte man früher, der Vogel müsse erst neun Tiere töten, bevor er eines frisst – daher der martialisch klingende Name »Neuntöter« oder im Niederdeutschen »Negenmörder« (negen = neun).

Der Name »Würger« für die ganze Vogelfamilie *(Laniidae)* klingt auch nicht gerade freundlicher, bezieht sich aber nicht auf die Art des Tötens, sondern darauf, dass diese Vögel Speiballen aus unverdaulichen Bestandteilen ihrer Beute auswürgen – ähnlich wie auch Eulen und manche anderen Vögel dies tun (unter anderem Reiher, Möwen, Eisvögel). Größere Beutetiere wie Mäuse, Eidechsen und selbst kleine Vögel tötet der Rotrückenwürger nach Falkenart mit einem kräftigen Biss ins Genick. Die Fixierung solch großer Tiere auf Dornen ermöglicht es dem Vogel, sie zu zerteilen, denn seine Füße sind zum Festhalten der Beute nicht geeignet.

Vorratshaltung betreibt übrigens hauptsächlich das Männchen, das zugehörige Weibchen darf sich allerdings uneingeschränkt daran bedienen. Das lässt vermuten, dass eine gut gefüllte Speisekammer auch eine wichtige Rolle bei der Brautwerbung spielt und die Attraktivität des Männchens in den Augen potentieller Partnerinnen erhöht: Wer viele Vorräte anlegt, muss ein guter Jäger und damit ein guter Versorger für die Brut sein.

Ihr Nest bauen die Neuntöter gut versteckt und gut geschützt zwischen die dornigen Zweige von Weißdorn und Schlehe. Beide gehören zur großen Familie der Rosengewächse *(Rosaceae)* und lassen sich zu allen Jahreszeiten gut unterscheiden: Weißdorn hat eine weißgraue Rinde und blüht im Mai nach dem Austrieb der meist tief gebuchteten Blätter. Die Schlehe hat hingegen eine schwärzliche Rinde und wird daher auch Schwarzdorn genannt. Ihre Blüten sind ebenfalls

Würger – die Falken unter den Singvögeln

Der kurze, kräftige Schnabel des Neuntöters und seiner Verwandten ähnelt verblüffend dem eines Falken: Er ist an der Spitze hakenförmig gebogen und besitzt zudem einen sogenannten »Falkenzahn«, eine zahnartige Ausbuchtung kurz vor der Spitze des Oberschnabels, die in eine passende Vertiefung des Unterschnabels greift. Diese Ähnlichkeit ist Ausdruck einer teilweise ähnlichen Ernährungsweise. »Konvergente Entwicklung« nennen Biologen ein solches Phänomen.

Mancherorts wurden die Vögel daher auch »Falkensänger« genannt – und diese Bezeichnung kommt den tatsächlichen Verwandtschaftsverhältnissen weit näher als noch vor Kurzem gedacht: Molekulargenetische Untersuchungen zeigten, dass sich die Würger, obwohl der großen Gruppe der Singvögel zugehörig, und die Falken innerhalb des Verwandtschaftssystems der Vögel recht nahe stehen.

Mit den eigentlichen Greifvögeln, zu denen etwa Habichte, Bussarde und Adler zählen, sind die Falken trotz vieler Übereinstimmungen in Körperbau und Lebensweise hingegen nicht näher verwandt.

weiß, erscheinen aber bereits ab Ende März und damit vor dem Laubaustrieb. Die kleinen Blätter sind ganzrandig und von elliptischer Form. Auch anhand der Farbe ihrer Früchte lassen sich beide ganz eindeutig unterscheiden: rot wie Hagebutten beim Weißdorn, blauschwarz wie kleine Pflaumen bei der Schlehe.

Schwierig wird es bei der Unterscheidung der Arten und Unterarten des Weißdorns: Die Gattung *Crataegus* ist insgesamt sehr arten- und formenreich. In Deutschland unterscheidet man drei von Natur aus wildwachsende Arten, die untereinander und mit eingeführten Arten sehr leicht und häufig bastardieren. Solche Mischformen können sich ihrerseits miteinander kreuzen und Übergangsformen bilden, sodass eine sichere Bestimmung nach äußeren Merkmalen oft kaum möglich ist. Zudem sind Weißdorne wie viele Rosengewächse auch innerhalb einer Art genetisch sehr verschiedenartig und bilden häufig speziell angepasste Standortformen aus – insgesamt eine sehr unübersichtliche Gemengelage, die in der Vergangenheit zur Beschreibung zahlreicher Arten und Unterarten geführt hat, deren Eigenständigkeit aber von vielen Botanikern angezweifelt wird. Diese als »Crataegus-Problem« bekannte Weißdorn-Vielfalt ist nicht nur von akademischem Interesse.

Bis in jüngste Zeit wurden bei Gehölzpflanzungen in Gärten, Parks und in der freien Landschaft Weißdorne verwendet, die aus der Produktion großer, international aufgestellter Baumschulen stammten. Dort jedoch wurde auf die genetische Vielfalt keine Rücksicht genommen, es wurden massenhaft genetisch weitgehend identische Sträucher, nicht selten ausländischer Herkunft, gezogen und verkauft. Diese großflächige Florenverfälschung betraf nicht allein Weißdorne, sondern auch viele andere heimische Sträucher und Wildstauden. Solche genormten Pflanzen haben gegenüber den wildwachsenden Vertretern teilweise abweichende Blühzeiten oder weisen veränderte Inhaltsstoffe auf – mit entsprechenden Folgen für an die heimische Flora eng angepasste Insekten. Der vielbeschworene Schutz der Biodiversität beinhaltet eben nicht nur den Erhalt der Vielfalt der Arten und Lebensräume, sondern auch den Erhalt der genetischen Vielfalt – eine wichtige Voraussetzung für die Anpassung an sich rasch ändernde Umweltbedingungen wie den Klimawandel.

Seit 2020 schreibt das Bundesnaturschutzgesetz daher vor, dass bei Pflanzungen in der freien Landschaft nur Gehölze und Saatgut aus der jeweiligen Region verwendet werden dürfen. Ausgenommen sind land- und forstwirtschaftliche Kulturen sowie die Verwendung in Parks und Gärten. Dort sollte der Weißdorn auf jeden Fall ein Plätzchen finden, ist er doch geradezu »ein Strauch für alle Fälle«.

Der Weißdorn – ein Strauch für alle Fälle

Der Weißdorn kann bis zu sechs Meter hoch und vier Meter breit werden und ein Alter von 500 Jahren erreichen. Aufgrund seiner hohen Schnittverträglichkeit kann man ihn problemlos auf »Gartenformat« zurückstutzen. Es gibt auch eine zwergwüchsige Sorte für kleine Gärten. Auch als regelmäßig geschnittene Hecke an sonnigen Standorten lässt er sich gut verwenden. Allerdings blüht und fruchtet eine solche Schnitthecke kaum, da die Blüten nur am mehrjährigen Holz ansetzen.

Als Nahrungspflanze für zahlreiche Vögel, Säugetiere und Insekten ist der Weißdorn einer der wertvollsten heimischen Wildsträucher. Durch seinen dichten Wuchs und die starke Bedornung ist er zudem ein hervorragendes Vogelschutzgehölz. Auch uns Menschen hat er einiges zu bieten: Früchte, junge Blätter und Blütenknospen lassen sich zu kulinarischen Spezialitäten verarbeiten (s. auch S. 121). Früher wurde in Notzeiten aus getrockneten und gemahlenen »Mehldorn«-Früchten Mehl gewonnen, und die gerösteten Kerne dienten als Kaffee-Ersatz. Weißdornpräparate spielen auch in der Medizin, vor allem bei Herzbeschwerden, eine wichtige Rolle. Und nicht zuletzt glaubte man früher, dass Amulette aus dem Holz des Weißdorns vor bösem Zauber schützen.

Die Blüten zeigen es: Der Weißdorn zählt zu den Rosengewächsen.

Die roten Früchte des Weißdorns erinnern an kleine Hagebutten.

Dornen oder Stacheln?

Dornen sind Verzweigungen des Holzkörpers (Sprossdornen, zum Beispiel bei Weißdorn und Schlehe) oder entstehen aus umgewandelten Blättern (Blattdornen) wie etwa bei der Berberitze. Rosen dagegen haben entgegen landläufiger Meinung keine Dornen, sondern Stacheln. Letztere sind Auswüchse der Pflanzenhaut (Epidermis) und lassen sich leicht abbrechen. Sie dienen nicht nur als Schutz vor Verbiss, sondern bei den kletternden Arten auch als Rankhilfen.

Dornen

Stacheln

Weißdorne und Schlehen sind typische Vertreter sonniger Hecken und Waldränder. Ihr ursprünglicher Lebensraum ist neben steilen, kargen Hängen wohl in der »halboffenen Weidelandschaft« zu finden: Ursprünglich zogen auch bei uns Herden großer Pflanzenfresser (Megaherbivoren) wie Wisente, Auerochsen, Wildpferde und Rothirsche durch die Landschaft, vor der letzten Eiszeit sogar prähistorische Waldelefanten und Nashörner. Sie sorgten durch ihr Fressverhalten dafür, dass der Wald stellenweise aufgelichtet wurde. Sträucher wie Weißdorne, Schlehen und Wildrosen schützen sich mit Dornen oder Stacheln vor dem Verbiss. Je stärker weidende Tiere an Weißdorn und Co. herumknabbern, desto ausgeprägter ist die Dornbildung als Abwehrmaßnahme – am Ende bilden sich regelrechte Dornverhaue, in deren Schutz wiederum Baumkeimlinge, wie etwa die lichtliebenden Eichen, aufwachsen können. Im Ergebnis entstand ein Landschaftsmosaik mit fließenden Übergängen zwischen verschiedenen Biotoptypen, zwischen Grasland, Gebüsch und Waldinseln. Auch wenn die sogenannte Megaherbivoren-Hypothese nicht unumstritten ist, gehen viele Wissenschaftler heute davon aus, dass eine solche halboffene Weidelandschaft und lichte, sonnendurchflutete Wälder einst natürlicherweise weite Teile Mitteleuropas prägten.

Später, nach der Ausrottung der großen wildlebenden Pflanzenfresser, sorgten domestizierte Weidetiere für eine vielgestaltige Kulturlandschaft. Dabei hatte die Waldweide (s. auch S. 149) entscheidenden Einfluss auf die vorherrschenden Baumarten: Die verbissempfindlichen Buchen wurden zurückgedrängt, Eichen hingegen gefördert. So oder so: Es entstanden Lebensräume für zahlreiche Tiere und Pflanzen, die auf den kleinräumigen Wechsel unterschiedlicher Biotope angewiesen sind und daher im geschlossenen Wald nicht existieren können. Zu ihnen gehört auch der Neuntöter, der in dichtem Dorngebüsch brütet, dort seine Nahrungsdepots anlegt und im blütenreichen Offenland jagt.

Weißdornblatt

Dornhecken – vom lebenden Zaun zum Bewirtschaftungshindernis

In vielen ländlichen Gegenden, vor allem in Norddeutschland, pflanzte man früher Weißdornhecken als lebende Zäune. Dort wurden ab 1770 auf herrschaftliches Geheiß die bis dahin als Gemeinschaftsweiden (Allmenden) genutzten Flächen an die einzelnen Bauern aufgeteilt und die so entstandenen Parzellen mit Dornsträuchern auf eigens aufgeworfenen Erdwällen umfriedet. Diese Dornhecken hielten die Bauern durch spezielle Schnittmaßnahmen undurchdringlich dicht, um das Vieh am Ausbrechen zu hindern und Wölfe und wildernde Hunde fernzuhalten.

Zu diesem Zweck wurden stärkere Triebe halb angeschnitten, waagerecht umgeknickt und miteinander verflochten. Daraus wuchsen zahlreiche senkrechte Triebe empor, die wie ein dornenbewehrter Staketenzaun wirkten und anschließend wiederum teilweise geknickt wurden. Von dieser aufwendigen Arbeit des »Knickens«, stellenweise bis Anfang des 20. Jahrhunderts praktiziert, erhielt diese Art der Wallhecken den heute noch in Norddeutschland gebräuchlichen Namen »Knick« – auch wenn sie schon lange nicht mehr geknickt, sondern allenfalls »auf den Stock gesetzt« werden. Letzteres bedeutet, dass einzelne Heckenabschnitte zur Verjüngung bis zum Wurzelstock knapp über der Erde zurückgeschnitten werden. Sie treiben danach umso kräftiger wieder aus.

Eine solche Einfriedung wurde ursprünglich auch als »Hag« bezeichnet (abgeleitet vom althochdeutschen »hegga«). Darauf weisen noch der alte Name »Hagdorn« für den Weißdorn sowie die »Hagebutte« (Wildrosen und ihre Früchte) hin. Schlehen wurden für diese Zwecke nicht verwendet, denn sie überwuchern durch zahlreiche Wurzelschösslinge allzu leicht offene Weideflächen und sind mit Handarbeit kaum zu bändigen. Sie konnten sich erst mit nachlassender Pflege ausbreiten, mächtige Schlehensäume sind daher ein Anzeichen für eine Heckenbrache.

Mit der Erfindung von Stacheldraht und Elektrozaun haben die Dornhecken ihre frühere Bedeutung als lebende Zäune verloren und wurden im Zuge der Flurbereinigung ab 1950 bis in die 1970er-Jahre großflächig gerodet, um Platz für immer größere Landmaschinen zu schaffen. Heute bemühen sich Naturschutzvereine und Landschaftspflegeverbände, die letzten noch vorhandenen Reste dieser Kulturbiotope durch Pflegemaßnahmen zu erhalten oder auch als Naturschutzaktion neue Hecken in der Feldflur zu pflanzen.

Vogelkonzert im Elbholz

Auwald im Mai **Nachtigall und Pirol**

An einem frühen Maimorgen sind wir unterwegs im »Elbholz«, einem Waldgebiet im Biosphärenreservat Niedersächsische Elbtalaue. Unser Weg vom Parkplatz Richtung Elbe führt durch eine Allee mit eindrucksvollen, uralten Eichen. In Teilen sind sie bereits abgestorben und zerfurcht von den fingerdicken Fraßgängen der Larven des Großen Eichenbocks, auch Eichenheldbock genannt, einer unserer größten heimischen Käfer, der auf morsche Eichenstämme angewiesen ist. Erstaunlich, dass diese Baumruinen immer noch an manchen Stellen anscheinend gesunde Austriebe zeigen. Eichen sterben über viele Jahrzehnte, genau das macht sie für viele Tierarten so besonders wertvoll.

Die Nachtigall hat ein äußerst vielfältiges Gesangsrepertoire.

Dichtes Gebüsch aus Schlehe und anderen Straucharten begleitet uns auf beiden Seiten des Weges. Wald und Wiesen wechseln sich ab. Das Vogelkonzert ist wahrlich beeindruckend – vollkommen überfordernd für Einsteiger in die Vogelstimmenkunde. Beschränken wir uns also auf wenige, besonders auffällige Gesänge. Links vor uns ertönt eine Folge äußerst vielfältiger Laute, darunter hart »schlagende« Töne im Wechsel mit gezogenen, sanft schmelzenden Flötentönen, dem sogenannten Schluchzen, in immer neuen Kombinationen, die sich offenbar niemals wiederholen:

ih ih ih ih ih watiwatiwati!
Diwati quoi quoi quoi quoi quoi qui ita
lülülülülülülülülülü watiwatiwatih!
Ihih titagirarrrrrrrrrr itz,
lü lü lü lü lü lü lü lü lü lü watitititi,
zwoi woi woi woi woi woi woi ih,
lülülülülülülü dahidowitz,
twor twor twor twor twor twor twor tih!
Dadada jetjetjetjetjetjetjetjetjet,
tütütütütütütü zatnzatnzatnzi,
iht iht iht iht iht iht zirhading,
i i i i i i i a zatn zi,
rihp rihp rihp rihp rihp rihp rihp rihp riph ih!
Zezezezezezezezäzäzäzäzäzäzäzazazazazazazazi,
ji jih güh güh güh güh dadalidowitz

Das »Schlagen« und »Schluchzen« stammt von einer **Nachtigall** und ertönt halbhoch aus dichtem Gebüsch. Sehen lässt sich der Sänger nur selten, er hält sich meist in der dichtbelaubten Strauchvegetation verborgen. Doch mit viel Glück und Geduld gelingt es manchmal, einen kurzen Blick auf den Vogel zu erhaschen – ein eher enttäuschender Anblick, denn die Nachtigall ist unscheinbar bräunlich gefärbt, mit hellerer Unterseite und braunrötlichem Schwanz. Im Verlauf unseres Weges werden wir geradezu »weitergereicht« von einem Nachtigallenrevier zum nächsten. Auch das »Orgeln« der Mönchsgrasmücke (s. S. 115), das anhaltende »Schwätzen« der Gartengrasmücke oder die mal melodischen, mal schneidend-quäkenden Strophen des Gelbspötters sind allgegenwärtig.

Die Vogeluhr

Auch bei Vögeln gibt es Frühaufsteher und Langschläfer: Manche Arten beginnen im Frühjahr bereits weit vor Sonnenaufgang zu singen, andere folgen später. Diese Reihenfolge ist erstaunlich konstant. Der tatsächliche Gesangsbeginn richtet sich allerdings nach dem Zeitpunkt des Sonnenaufgangs. Die Zeitspanne zwischen Gesangsbeginn und Sonnenaufgang wird als »Vorsprung« bezeichnet. Kennt man diese Spanne, ist es in gewissen Grenzen sogar möglich, anhand des Gesangsbeginns einzelner Vogelarten die Uhrzeit zu bestimmen. Man spricht daher auch von einer »Vogeluhr«, die allerdings von Ort zu Ort unterschiedlich gestellt werden muss, weil die »Vorsprungswerte« regional voneinander abweichen können.

Außerdem werden der Gesangsbeginn und die Gesangsaktivität von einer Reihe verschiedener anderer Faktoren beeinflusst. Dazu zählen Witterungseinflüsse wie Nebel, Regen oder starker Wind ebenso wie die künstliche Beleuchtung in Städten oder die Populationsdichte einer Vogelart am gegebenen Ort. Wo viele Männchen derselben Art leben, ist die Gesangsaktivität stärker ausgeprägt, um die Reviere gegen Nachbarn abzugrenzen, als bei geringer Dichte. Nicht zuletzt kann auch ein abweichendes Verhalten von Einzelvögeln für Verwirrung sorgen.

Der Sinn eines tageszeitlich unterschiedlichen Gesangsbeginns liegt wohl vor allem darin, die Gesänge zeitlich zu entzerren, damit die Vögel allzu großer akustischer Konkurrenz entgehen. Und warum beginnen Vögel überhaupt so früh zu singen? Frühmorgens ermöglicht eine besondere Schichtung der noch feuchten Luft, die später am Tag durch Luftturbulenzen aufgelöst wird, eine besonders gute Weiterleitung des Schalls. Zudem zeigen die Sänger möglichen Konkurrenten damit an, dass sie die Nacht überlebt haben und das Revier somit noch besetzt ist – kampflose Übernahme ausgeschlossen!

Weil die Sonne im Frühjahr immer früher aufgeht, beginnen auch die Vögel entsprechend früher zu singen. Für den Vogelbeobachter bedeutet dies, dass er Ende Mai schon zu nächtlicher Stunde aufstehen muss, um die morgendliche Abfolge der Vogelstimmen hören zu können. Je nach Witterung singen viele Vögel allerdings noch bis in den Vormittag hinein, wenngleich zu fortgeschrittener Jahreszeit nur noch mit verminderter Intensität. Bei vielen Vogelarten erreicht die Gesangsaktivität in den Abendstunden ein zweites, meist etwas schwächer ausgeprägtes Maximum. Manche Arten singen bevorzugt in den Nachtstunden. Zu ihnen gehört auch die Nachtigall – allerdings nur, solange die Männchen noch unverpaart sind. Haben sie ein Weibchen gefunden, singen sie hauptsächlich morgens und abends, ja sogar am hellen Mittag, wenn viele andere Sänger verstummen.

Die nachfolgende Tabelle (n. Bergmann & Westphal 2019) zeigt die »Vogeluhr« anhand ausgewählter Vogelarten. Die Zahlen geben an, wie viele Minuten vor Sonnenaufgang die genannten Vögel durchschnittlich zu singen beginnen.

Vogelarten	Gesangsbeginn vor Sonnenaufgang
Nachtigall, Sumpfrohrsänger	Nacht
Gartenrotschwanz, Feldlerche	80 Minuten
Hausrotschwanz	70 Minuten
Rauchschwalbe	60 Minuten
Singdrossel, Amsel	55 Minuten
Rotkehlchen, Kuckuck, Ringeltaube	50 Minuten
Zaunkönig, Goldammer, Mönchsgrasmücke	45 Minuten
Kohlmeise, Trauerschnäpper	40 Minuten
Blaumeise, Heckenbraunelle	35 Minuten
Zilpzalp, Baumpieper, Buchfink	30 Minuten
Haussperling, Girlitz	20 Minuten
Star, Grünfink	15 Minuten

Plötzlich ist noch ein anderer Vogelgesang zu hören, ein volltönendes »didliliöh«. Das kam jetzt nicht aus dem halbhohen Gebüsch, sondern von oben aus den Baumkronen. Wir schauen hoch – zu entdecken ist er nicht, der Sänger, aber gut zu hören: »Didlioh - Düdlülüo«. Diese markanten Strophen verhalfen dem **Pirol** zu seinem volkstümlichen Namen »Vogel Bülow«. Auch die wissenschaftliche Bezeichnung »Oriolus« ist von Klang und Umschreibung seiner variablen Strophen abgeleitet. Der Vogel selbst bleibt trotz angestrengter Suche unsichtbar. Dabei ist er sehr auffallend gefärbt: Der Körper älterer Männchen leuchtet grellgelb, Flügel und Schwanz kontrastieren dazu in sattem Schwarz mit gelben Abzeichen. Den Kopf ziert außerdem ein schwarzer Strich zwischen dem rötlichen Auge und dem Ansatz des kräftigen, spitzen Schnabels. Weibchen und jüngere Männchen sind oberseits schlichter graugrün bis gelbgrün gefärbt, mit hellerer, dunkel gestrichelter Unterseite. Ein sicheres Unterscheidungsmerkmal zwischen den Geschlechtern ist das allerdings nicht: Alte Weibchen können ebenfalls eine starke Gelbfärbung des Gefieders aufweisen. »Goldamsel« wurden die Vögel früher auch genannt. Mit den Drosseln, zu denen auch die Amsel zählt, sind sie allerdings nicht verwandt, sondern stehen sowohl den Krähen als auch den Paradiesvögeln nahe.

Einen solch farbenprächtigen Vogel würde man in Mitteleuropa gar nicht vermuten, und in der Tat gehört unser Pirol zu einer Vogelfamilie, die ansonsten mit knapp 30 Arten ausschließlich in den tropischen Regionen Afrikas, Asiens und Australiens verbreitet ist. Im Gegensatz zu Nachtigallen, Grasmücken und Spöttern, die sich in der Strauchschicht aufhalten, sind Pirole Bewohner des Kronenbereichs. Dort bewegen sie sich äußerst geschickt. Selbst senkrechte Äste sind für den Pirol kein Problem: Halb kletternd, halb hüpfend schwingt er sich kraftvoll-elegant hinauf – und sogar kopfunter wieder herunter. Diese Bewegungsweise, in der Fachsprache auch »Hüpfklettern« genannt, findet man unter den Waldvögeln sonst nur bei Bewohnern des tropischen Regenwaldes. Auch ihr kunstvolles Nest, frei hängend zwischen die Enden einer Astgabel geflochten, bauen die Pirol-Weibchen bevorzugt am Rand des oberen Kronenbereichs von Eichen und anderen hohen Bäumen.

Bei unserer Suche nach dem Pirol fällt uns auf, dass hier nicht nur Stieleichen wachsen. Auch Eschen, hohe Bäume mit schlankem Stamm und den typischen unpaarig gefiederten Blättern, wachsen hier. Dazwischen Flatterulmen, deren Blätter an die einer Hainbuche erinnern, jedoch seltsam ungleich gestaltete Blattspreiten haben: Eine Seite scheint zum Blattstiel hin deutlich zu kurz geraten. Stieleiche, Esche und Flatterulme sind typische Baumarten des Auwaldes.

Auen – das sind Flächen im Überschwemmungsbereich großer Flüsse. Bei jedem Hochwasser werden diese Bereiche überflutet, die ufernahen häufiger und länger als die weiter landeinwärts liegenden Flächen. Die genannten Baumarten vermögen Überflutungen problemlos zu ertragen, sofern sie nicht zu lang anhalten. Zu nasse Bereiche im unmittelbaren Uferbereich überlassen sie verschiedenen Weidenarten wie der Silberweide und der Bruchweide (s. S. 104). Flussauen sind auch der natürliche Lebensraum der Schwarzpappel und der Silberpappel.

Im Gegensatz zu den weichholzigen Weiden und Pappeln besitzen Eichen, Ulmen und Eschen hartes Holz, entsprechend unterscheiden Fachleute zwischen der Weichholzaue und der Hartholzaue. In einem solchen Hartholz-Auenwald befinden wir uns gerade. Doch streng genommen ist dies ein »Auwald light«: Denn ein hoher Deich trennt die Elbe von dem dahinter liegenden Wald. So wie ihm erging es vielen Auwäldern in Deutschland: Fast überall hat der Mensch die Flüsse reguliert und kanalisiert, begradigt und zwischen Deiche gezwängt und so die natürliche Hochwasserdynamik unterbunden. Die Aue wurde vom Fluss abgekoppelt und überbaut oder die fruchtbaren Auenböden wurden in intensiv genutztes Ackerland umgewandelt.

Eiche ist nicht gleich Eiche

Die beiden bei uns häufigsten heimischen Eichenarten lassen sich anhand einiger morphologischer Merkmale unterscheiden:

Bei der **Stieleiche** sitzen die Früchte (Eicheln) zu wenigen an langen Stielen, bei der **Traubeneiche** zu mehreren in kurzgestielten Trauben (Name!). Die Blattstiele dagegen sind bei der Stieleiche im Vergleich zur Traubeneiche viel kürzer und im Gegensatz zu dieser mit »Blatt-Öhrchen« am Stiel versehen, die Blätter der Stieleiche wirken daher nahezu ungestielt.

Auch die Aderung im mittleren Bereich der gebuchteten Blätter ist bei beiden Arten unterschiedlich: Bei der Stieleiche enden die Seitenadern auch in den Buchten, bei der Traubeneiche nie. Beide Arten können allerdings bastardieren und dann intermediäre Merkmale zeigen. Manche Botaniker halten sie sogar für unterschiedliche Formen derselben Art.

Durch ihre zackige, tief geschlitzte Blattform eindeutig von den heimischen Eichenarten zu unterscheiden ist die **Roteiche,** die als Forstbaum aus Nordamerika nach Deutschland eingeführt wurde und wegen ihrer leuchtend roten (statt gelbbraunen) Herbstfärbung auch ein beliebter Parkbaum ist. Stieleiche und Traubeneiche unterscheiden sich auch hinsichtlich ihrer Standortansprüche: Erstere kommt vor allem in den feuchteren Tiefebenen und Auwäldern vor. Letztere bevorzugt wärmere, trockene Hügellagen oder tiefer gelegene Gebiete der Bergregionen.

Kaum bekannt und nur lokal verbreitet ist die dritte in Deutschland heimische Eichenart, die **Flaumeiche.** Als sehr wärmeliebende Art mit südlicher Verbreitung findet man sie nur an wenigen kleinklimatisch begünstigten Sonderstandorten Süddeutschlands. Der Klimawandel könnte allerdings ihre weitere Ausbreitung begünstigen.

Auch dieser Wald hier im »Elbholz« kann durch den Deich gar nicht mehr regelmäßig überschwemmt werden. Warum sprechen wir bei ihm dann trotzdem von einem Auwald? Weil die regelmäßig auftretenden Hochwässer der Elbe das Wasserregime des Waldes gleichwohl beeinflussen – eine ökologische Besonderheit: Das Hochwasser drückt unter dem Deich hindurch und quillt dahinter wieder aus dem Boden zutage. Dieses sogenannte Qualmwasser ist allerdings im Gegensatz zu »echten« Überschwemmungen sehr nährstoffarm, da es durch die sandigen Bodenschichten gefiltert wird. Dort, wo es zutage tritt, reißt es kleine Wölkchen von Sand und Schlamm mit nach oben: Bei Hochwasser sieht es aus, als würde

Rauch oder Qualm im Wasser aufsteigen, daher der Name »Qualmwasser«. Der Wasserhaushalt dieses Waldes ist also vergleichbar mit dem eines »echten« Auwaldes, nicht jedoch der Nährstoffgehalt des Bodens. Denn normalerweise spült ein Hochwasser große Mengen nährstoffreicher Sedimente in den Auwald.

Der eingetragene Schlick düngt den Boden, was im »echten« Auwald ein äußerst üppiges Vegetationswachstum ermöglicht. Nicht nur Bäume und Sträucher gedeihen prächtig, auch zahllose krautige Pflanzen überziehen den Waldboden mit einem undurchdringlich dichten Teppich. Hier, zwischen mannshohen Brennnesseln, Wildem Hopfen, Efeu und Gestrüpp findet nicht nur die Nachtigall ein geschütztes Plätzchen für ihr bodennah angelegtes Nest. Umgestürzte Bäume und heimische Lianen wie Geißblatt und Waldrebe erinnern durchaus an einen tropischen Dschungel. Die Dynamik des Hochwassers sorgt zudem immer wieder für natürliche »Umbaumaßnahmen« von Flussnebenarmen und Aue. Ein solch vielfältiger, reich strukturierter Wald, wie es ihn in Deutschland nur noch an ganz wenigen Orten gibt, bietet zahlreichen Vogelarten in großer Individuenzahl Lebensraum – solchen, die in Bodennähe leben, ebenso wie Vertretern der Strauchschicht und der Baumkronen. Auwälder sind in unseren Breiten die vogelreichsten Lebensräume überhaupt. Kein Wunder, dass ganz besonders in den frühen Morgenstunden das Vogelkonzert so unglaublich vielfältig ist. Auch in unserem »Auwald light« ist die Klangkulisse überaus beeindruckend, trotz vergleichsweise weniger üppig wuchernder Krautschicht und fehlender Hochwasser-Dynamik.

So unterschiedlich die einzelnen Vogelgesänge klingen, vermitteln sie doch alle die gleichen Botschaften: An ein Männchen derselben Art gerichtet, bedeutet es: »Hau ab – das ist mein Revier!« Ein artgleiches Weibchen hingegen wird umworben: »Komm her, ich bin ein toller Bräutigam mit eigenem Grundbesitz!« Dementsprechend unterscheidet man bei vielen Singvögeln unterschiedlich ausgeprägte Gesangsformen: Drohgesang und Werbegesang.

Manche Vogelarten wie der Buchfink haben weniger als eine Handvoll unterschiedlicher, doch für uns Menschen ähnlich klingender Strophentypen, andere wie die Nachtigall verfügen über ein individuelles Repertoire von bis zu 260 Strophentypen. Noch dazu unterscheiden sich die Gesangsdarbietungen einzelner Individuen oft deutlich voneinander und können sich auch mit zunehmendem Alter des Vogels verändern. Warum Nachtigallen einen derartigen gesanglichen Aufwand treiben, wo doch ein Buchfink ganz offenkundig mit wesentlich bescheideneren Sangesqualitäten auskommt, gehört zu den ungelösten Rätseln der

Vogelwelt. Auch wenn Vogelforscher schon viele Details entschlüsseln konnten, wissen wir letztlich doch noch sehr wenig über das, was Nachtigallen mit ihrem komplexen Gesang tatsächlich ausdrücken. Vielleicht haben wir es hier mit echter Musikalität, mit Ästhetik, mit Freude am Gesang zu tun – Dinge, die sich wissenschaftlicher Analyse weitgehend entziehen.

Wie auch immer: Kein anderer Gesang hat offensichtlich eine so starke Wirkung auf die menschliche Seele wie der der Nachtigall: »Wer jemals diese Stimme in stiller Stunde aufgeschlossenen Herzens vernommen hat, kann sich ihrem Zauber nicht entziehen«, schwärmte einst der Vogelkundler Alfred Hilprecht, und Johann Friedrich Naumann stellt in seiner um die vorige Jahrhundertwende erschienenen »Naturgeschichte der Vögel Deutschlands« fest, der Nachtigallengesang (dessen dadaistisch anmutende Umschreibung am Beginn dieses Kapitels diesem Werk entnommen ist) sei »so ausgezeichnet und eigentümlich, es herrscht in ihm eine so hinreißende Harmonie, wie wir sie in keinem anderen Vogelgesange wiederfinden«. So verwundert es nicht, dass sich auch berühmte Komponisten von der Meistersängerin inspirieren ließen und deren Gesang in ihren Werken nachempfunden haben, unter anderem Frederic Chopin in der »Nachtigallen-Mazurka«, Johann Strauß in der »Nachtigallen-Polka« und Igor Strawinsky in dem »Lied der Nachtigall«. Und selbst den zeitgenössischen Liedermacher Wolf Biermann schlug einst der »sterbesüß-dunkelklare Blues« einer Nachtigall in seinen Bann. Hier im Hartholz-Auwald, im Reich von Nachtigall, Pirol und Co., hätten die genannten Musiker und Komponisten reichliche Anregungen für weitere Werke sammeln können.

Wie lerne ich Vogelstimmen kennen?

Wer Vogelstimmen systematisch und nachhaltig kennenlernen möchte, sollte bereits im ausgehenden Winter oder Vorfrühling damit beginnen. Zu dieser Jahreszeit sind Zugvögel noch nicht zurückgekehrt und das Artenspektrum ist daher überschaubar. Standvögel wie Meisen, Kleiber, Amseln oder Grünfinken beginnen nach und nach zu singen und sind in den um diese Zeit noch unbelaubten Bäumen und Sträuchern meist gut zu beobachten und zu bestimmen. Auch sollte man sich zunächst auf die Vogelwelt des engeren Umfeldes konzentrieren, also auf Garten und Park. Wichtig ist, sich zunächst einen Grundstock zu erarbeiten, um nach und nach weitere Vogelstimmen kennenzulernen. Das ist gar nicht so schwer: Rund 80 Prozent aller in Deutschland brütenden Vogelpaare gehören nur 20 Arten an, von denen die meisten (auch) im Siedlungsbereich leben – eine überschaubare Aufgabe.

Man sollte zudem wissen, wann und wo man bestimmte Vogelarten beobachten und belauschen kann. So wird man bereits anhand der Jahreszeit (Zugvögel!) und des Lebensraumes bestimmte Vogelarten mit hoher Wahrscheinlichkeit ausschließen können. Umgekehrt bedeutet dies: Jeder Lebensraumtyp – zum Beispiel Laubwald, Nadelwald, Gewässerufer oder Agrarlandschaft – hat sein spezifisches Arteninventar und somit eine spezifische Klangkulisse. Auch der genaue Aufenthaltsort eines singenden Vogels gibt Hinweise: So singt etwa die Singdrossel stets von hoher Warte wie einem Baumwipfel, der Zaunkönig aus dichtem Gebüsch.

Es gibt unterschiedliche Methoden, um sich Vogelstimmen einzuprägen (s. Literaturempfehlung S. 172, Bergmann & Westphal 2019):

- Umschreibungen mit Silben (verschiedene Beispiele finden sich in diesem Buch, unter anderem zu Beginn dieses Kapitels).
- Merksprüche, die – entsprechend gesprochen – den Aufbau und Rhythmus eines bestimmten Vogelgesanges lautmalerisch wiedergeben. Beispiel: Ich, ich, ich bin drrr Unteroffizihier! (Buchfink).
- Tonträger mit Vogelstimmen: in der Regel nur sinnvoll, um (wenige) Vogelstimmen vergleichen zu können. Das Durchhören einer CD oder gar einer ganzen CD-Sammlung verwirrt nur!
- DVDs mit schnabelsynchronen Aufnahmen: Man sieht den singenden Vogel in seinem Lebensraum – eine der besten Methoden: Die gleichzeitigen Eindrücke von Sehen und Hören schaffen eine bessere Verknüpfung im Gehirn und damit einen größeren Lerneffekt als das reine Hören.

- Sonagramme: Mit dieser von speziellen Apparaten (Sonagrafen) erzeugten Lautschrift ist es möglich, Vogelstimmen nach objektiven Kriterien Schwarz auf Weiß darzustellen.
- Geführte Exkursionen mit einer fachdidaktisch geschulten Person, die nicht nur pausenlos mit Vogelnamen, die man vorher vielleicht noch nie gehört hat, um sich wirft, sondern auch erläutert, woran man diese oder jene Art optisch und vor allem akustisch erkennt, und die auch wiederholte Nachfragen geduldig beantwortet.
- Vertiefung durch eigenes Beobachten und Belauschen.

Wie bei allen Fertigkeiten gilt: Übung macht den Meister! Vielleicht ein Trost: Auch junge Singvögel müssen ihren arteigenen Gesang erst vom Vater lernen und durch Übung vervollkommnen. Und – ganz wichtig: Man darf sich am Konzert der Vögel einfach nur erfreuen, auch wenn man nicht jeden Gesang einer bestimmten Art zuordnen kann. Vogelgesang ist Seelenmusik!

Der Gesang des Rotkehlchens ist ein silberhelles Perlen.

Abendstimmung in der Heide

Lichter Kiefernwald im Juni

Nachtschwalbe

Ein warmer, windstiller Abend Anfang Juni. Wir sind unterwegs in der Lüneburger Heide, um die Balz eines ebenso seltenen wie seltsamen Vogels zu erleben, der erst in der Dämmerung aktiv wird. Dort, wo lockerer Kiefernwald an die offenen Heideflächen grenzt, wollen wir ihn suchen.

Zunächst führt uns der Weg durch einen öden Kiefernforst. In Reih und Glied stehen die schlanken Stämme, ihre im oberen Stammbereich orangerot gefärbte Spiegelrinde – charakteristisch für die **Waldkiefer** – leuchtet in der milden Abendsonne. Alle Bäume ungefähr gleich groß, gleich alt. »Altersklassenwälder« nennen Forstleute solche Bestände. Für Vogelbeobachter ist hier kaum etwas zu holen, diese Kiefernmonokulturen sind reine »Holzäcker« und bieten nur wenigen Vogelarten Lebensraum. Doch für die Fortwirtschaft ist die Waldkiefer umso bedeutender: Fast ein Viertel der gesamten Waldfläche Deutschlands ist mit dieser Nadelbaumart bestockt. Die Waldkiefer, kurz Kiefer, regional auch Föhre oder Fuhre genannt, ist damit nach der Fichte (s. ab S. 10, S. 152 und ab S. 155) die bedeutendste Baumart im Wirtschaftsforst. Sie ist äußerst anspruchslos, schnellwüchsig und gut zu ernten, ihr Holz ist vielseitig verwendbar, vor allem als Bau- und Möbelholz, auch als Brennholz.

Von Natur aus wäre die Waldkiefer weit weniger verbreitet und auf Extremstandorte beschränkt: So wächst sie einerseits auf sehr nährstoffarmen, sauren, sandigen Böden, wie sie in hier in der Lüneburger Heide vorherrschen, und auf extrem trockenen, flachgründigen Kalkböden, teilweise auch auf nacktem Granitgestein wie in der nordischen Kieferntaiga, wo die Bäume ihre kräftigen Pfahlwurzeln zwischen den Gesteinsritzen bis zu sechs Meter tief in die Erde schieben und so noch an tiefliegendes Wasser gelangen. Andererseits sind Kiefern auch auf nährstoffarmen, nassen Standorten zu finden, etwa im Randbereich von Hochmooren.

Kiefernzapfen

Die Lüneburger Heide – ein Produkt menschlichen Raubbaus

Das Naturschutzgebiet »Lüneburger Heide« ist eines der ältesten und größten Schutzgebiete Deutschlands. Doch ist diese karge Landschaft, geformt durch die vorletzte Eiszeit und in weiten Teilen geprägt durch großflächige Bestände der Besenheide, keine ursprüngliche Naturlandschaft, sondern eine Kulturlandschaft, ja in ihrem Ursprung sogar das Produkt menschlichen Raubbaus (s. dazu auch S. 149):

Schon in der Jungsteinzeit trieben die ersten Ackerbauern und Viehzüchter ihre Tiere in den Wald und rodeten Bäume, um Anbauflächen zu gewinnen. In der nachfolgenden Bronzezeit und Eisenzeit wurde Holz in Form von Holzkohle für die Metallverhüttung benötigt. Im Mittelalter verschlangen die Salzsiedereien der Stadt Lüneburg riesige Mengen Brennholz, die aufstrebende Hafenstadt Hamburg benötigte ebenfalls sehr viel Holz, unter anderem für den Schiffbau. Die einstigen Laubmischwälder verschwanden, zurück blieb eine devastierte (verwüstete) Landschaft mit ausgelaugten, armen Sandböden, auf denen nur wenige Pflanzen wie die anspruchslose Besenheide gedeihen konnten. Landwirtschaft war dort nur sehr eingeschränkt möglich. Heidschnucken, eine sehr ursprüngliche Schafrasse, und Bienenzucht spielten eine wichtige Rolle für die armen Heidebauern.

Nebenbei entwickelten sich die Heideflächen zu wichtigen Lebensräumen für zahlreiche seltene Tiere und Pflanzen. Ab der zweiten Hälfte des 19. Jahrhunderts erfolgten großflächige Aufforstungen mit Kiefernplantagen. Zu Beginn des vorigen Jahrhunderts erkannten weitsichtige Menschen die Bedeutung der mit Wacholder bestandenen Heidelandschaft für den Naturschutz und auch für die Erholung und stellten große Teile unter Schutz. Heute findet sich in der Lüneburger Heide ein Mosaik aus offenen Heideflächen, Mooren, Äckern und Wiesen sowie aus Fichten- und Kiefernbeständen. Diese abwechslungsreiche Kulturlandschaft kann jedoch nur durch regelmäßige Eingriffe zur Landschaftspflege erhalten werden. Anderenfalls würden sich die offenen Heideflächen durch aufwachsende Birken und Kiefern schnell wieder zu Wald entwickeln (s. S. 54).

Auf solchen Extremstandorten können andere, konkurrenzkräftigere Baumarten nicht gedeihen: Ihre Anspruchslosigkeit verschafft der Waldkiefer dort den entscheidenden Wettbewerbsvorteil. Ihr oft kümmerlicher, verkrüppelter Wuchs und ihr langsames Wachstum zeigen allerdings, dass die Kiefer dabei ebenfalls an ihre Grenzen stößt. Gepflanzt wächst sie auch – und viel besser – auf gut mit Wasser und Nährstoffen versorgten Böden, dort ist die sehr lichtbedürftige Waldkiefer jedoch den meisten anderen Bäumen in der Konkurrenz unterlegen. Dies ist ein schönes Beispiel für die Diskrepanz zwischen dem physiologischen Optimum und dem ökologischen Optimum einer Art.

Angesichts der heutigen, vom Menschen geförderten weiten Verbreitung der Kiefernforsten sind sich Geobotaniker und Forstökologen über das Vorkommen natürlicher Kiefernwälder in Mitteleuropa bis heute nicht einig. Pollenanalysen älterer Bodenschichten geben hierüber nur eingeschränkt Auskunft, da die sehr leichten Pollen weit vom Wind verbreitet werden. Untersuchungen deuten darauf hin, dass Kiefern und Birken als Pioniere zwar die nacheiszeitliche Wiederbewaldung einleiteten (s. S. 148), danach aber mehr oder weniger geschlossene Kiefernwälder im Wesentlichen auf die Sandböden des nordostdeutschen Tieflandes, etwa in Brandenburg, beschränkt waren, während im Nordwesten wie hier in der Lüneburger Heide lichte Eichen-Birken-Wälder dominierten, möglicherweise mit geringen Beimengungen der Waldkiefer.

Mittlerweile sind wir am Rande des Kiefernforstes angekommen. Vor uns erstreckt sich eine weite Heidelandschaft, in der bizarr geformte Wacholder und einzelne Birken und Kiefern wachsen. Doch noch ist es zu hell für den seltsamen Vogel, den wir belauschen und nach Möglichkeit auch beobachten wollen – ihn jetzt zu entdecken, wäre reiner Zufall. Mit seinem rindenfarbig gemusterten Gefieder ist der Vogel hervorragend getarnt, wenn er regungslos in Längsrichtung an einen Ast gepresst oder auf dem Boden kauernd den Tag verdöst. So haben wir Zeit, dem Abendgesang anderer Vögel zu lauschen: Aus der Ferne dringen die klangvollen, mehrfach wiederholten Motive einer Singdrossel an unser Ohr, und auch das langgezogene »ziaa ziaa ziaa«, mit dem der Baumpieper seine im Fluge vorgetragenen Strophen beendet, ist deutlich herauszuhören. Dann, nah zu unserer Rechten, ein seltsam einlullender Gesang: »lüdl lüdl lüdl lüdl ... lürelürelürelüre ...« Der Gesang einer **Heidelerche.** Am Abendhimmel ist sie nicht zu entdecken – aber da, auf dem kahlen Ast der Kiefer nicht weit von uns, da sitzt sie und singt. Zwar zeigt sie wie die häufigere Feldlerche auch einen Singflug, doch nicht selten lässt sie sich an exponierter Stelle auf einem Baum nieder. »Lullula arborea« lautet denn auch ihr wissenschaftlicher Name (von lat. arbor = Baum). »Dullerche« nannte sie der Heidedichter und Naturschriftsteller Hermann Löns (1866 – 1914). Heidelerche wie Baumpieper brüten im Übergangsbereich zwischen Wald und offenem Gelände oder auf großen Waldlichtungen gut versteckt am Boden.

Nistkästen im Kiefernforst

Kiefernforsten sind oft sehr vogelarm. Höhlenbrüter wie Meisen, Trauerschnäpper, Gartenrotschwanz und andere, die dort im Prinzip geeignete Lebensbedingungen finden würden, leiden an einem Mangel an natürlichen Bruthöhlen. Mit einem ausreichenden Angebot an Nistkästen, bevorzugt am Rande von Lichtungen und Waldrändern angebracht, können wir leicht Abhilfe schaffen. Neben den genannten Arten wird sich dann vielleicht sogar der seltene Wendehals einstellen, eine kleine Spechtart, die keine eigenen Bruthöhlen zimmert.

Begleitet vom Gesang der Dullerche geht jetzt die Sonne als glutroter Ball über der weiten Heidelandschaft unter. 20 Minuten nach Sonnenuntergang – Zeit für den Vogel, den wir suchen. Wir lauschen in die zunehmende Dunkelheit. Plötzlich hören wir es: »Errrrrrörrrrrrrerrrrörrrrrr« – ein an- und abschwellendes Schnurren wie von einem alten Spinnrad. Der Balzgesang des Ziegenmelkers! Im letzten Licht können wir ihn sogar schemenhaft sehen: Ein dunkles Etwas hockt auf dem trockenen Ast einer frei stehenden halb abgestorbenen Birke und schnurrt unablässig. Schattengleich fliegt plötzlich ein zweiter Vogel heran, wohl ein Weibchen. Abrupt endet das Schnurren mit einer Folge glucksender Laute, dann schwingt sich auch das Männchen in die Luft. Ein peitschenartiges Flügelklatschen und helle »guick«-Rufe gehören zur Flugbalz, bei dem das Männchen im sogenannten Ausdrucksflug mit langsamen Flügelschlägen und eingeschobenen Gleitphasen weiße Signalflecken auf den Handschwingen und den gespreizten Schwanzfedern präsentiert.

Die langen, spitzen Schwingen verleihen dem Vogel eine falkenähnliche Silhouette, der weich federnde Flügelschlag erinnert an eine Eule – eine ganz eigentümliche Erscheinung, die ihn zumal in der Dämmerung größer erscheinen lässt, als er tatsächlich ist: etwa wie eine Turteltaube. Bei der Jagd zeigt der Ziegenmelker sein ganzes fliegerisches Können: Mal ist sein Flug fast schmetterlingshaft flatternd, mal geradlinig und schnell, fast wie bei einer Schwalbe – daher lautet der offizielle Name des Vogels auch **Nachtschwalbe.** Sogar den Rüttelflug nach Turmfalkenart beherrscht der gewandte Jäger. Gelegentlich jagt der Vogel von einer Warte aus: Hat er mit seinen großen Augen einen Falter erspäht, lässt er sich zunächst nach unten fallen, um im nächsten Moment steil nach oben zu ziehen und die Beute

Schräger Vogel – der Ziegenmelker

Die nächtliche Lebensweise, der geisterhafte Flug, die seltsamen Laute und sein Äußeres, bei dem der große Kopf mit einem extrem breiten Rachen auffällt – all das war unseren Vorfahren nicht geheuer. Bereits im ersten Jahrhundert nach Christi Geburt schrieb der römische Naturgelehrte Plinius d. Ä., dieser Vogel dringe nachts in die Viehställe ein und sauge den Ziegen und Schafen die Milch aus den Eutern, wodurch diese erblinden und sterben würden – daher der ungewöhnliche Name. Dieser Aberglaube hielt sich Jahrhunderte lang, beobachteten Hirten und Bauern doch immer wieder, wie dieser geheimnisvolle Vogel in der Dämmerung ihr Vieh umflatterte.

Tatsächlich hat er es nur auf die Insekten abgesehen, die von den Weidetieren beim Grasen aufgescheucht werden. Nachtfalter und andere nachtaktive Insekten werden in wendigem Fluge gefangen, wobei der weit aufgerissene breite Schnabel, umgeben von langen Borsten, wie ein Reusentrichter wirkt. Bei anhaltend nassem, kühlem Wetter, wenn keine Fluginsekten unterwegs sind, können die Vögel, ganz besonders die Nestlinge, in eine Kälte- und Hungerstarre (Torpor) mit gedrosseltem Stoffwechsel fallen und so unbeschadet einige Tage ohne Nahrung überstehen.

Verwandtschaftlich gehört die Nachtschwalbe, der Ziegenmelker, weder zu den Schwalben noch zu den Falken oder Eulen, sondern zur systematischen Gruppe der Nachtschwalben, die in Deutschland nur mit dieser einen Art vertreten ist.

zu ergreifen. Dieses typische Verhalten, Beutetiere in rasantem Flug von unten anzufliegen, liegt wohl darin begründet, dass er sie in tiefer Dämmerung gegen das Restlicht des Himmels besser erkennen kann. In finsterer Nacht ruht auch die Nachtschwalbe, erst in der einsetzenden Morgendämmerung wird sie wieder aktiv.

Seine Eier – meist nur zwei an der Zahl – legt der Vogel auf offenen Flächen in eine einfache Bodenmulde. Zwar sind Gelege und Jungvögel durch ihre Färbung gut getarnt, dennoch sind die Verluste durch Feinde wie Fuchs, Marder oder Wildschwein hoch. Deshalb kommt es häufig zu sogenannten Schachtelbruten: Während sich das Männchen noch um die Küken der ersten Brut kümmert, bebrütet das Weibchen bereits ein zweites Gelege. Damit wird die kurze Zeit, die die Vögel im Brutgebiet verbringen, optimal genutzt. Denn als ausgesprochene Sommervögel, die den Winter im tropischen Afrika verbringen, treffen Ziegenmelker erst im Mai bei uns ein, bereits ab Anfang August ziehen sie wieder gen Süden.

Der dämmerungsaktive Ziegenmelker ist durch sein rindenfarbiges Tarngefieder am Tage kaum zu entdecken.

Bei uns findet man den Ziegenmelker vor allem im Flachland, vorzugsweise in mit Bauminseln durchsetzten Heidegebieten und lichten Kiefernwäldern. Er ist eine Charakterart der Waldsteppen. Sandige offene Böden, aber auch eine gut ausgeprägte blütenreiche Krautschicht und trocken-warmes Kleinklima als Voraussetzung für ein ausreichendes nächtliches Insektenangebot kennzeichnen den optimalen Lebensraum des Ziegenmelkers.

Solche Lebensräume entstehen oftmals durch Waldbrände, wie sie gerade in den als Monokulturen angelegten Kiefernforsten regelmäßig auftreten. Was für Waldbesitzer eine Katastrophe ist, ist für natürliche Kiefernwälder und auch für manche anderen Lebensräume wie Savannen und Buschländer ein notwendiger ökologischer Faktor, der zur Verjüngung der Vegetation und zur Erhaltung der Produktivität beiträgt. Man nennt sie daher auch Feuerökosysteme. Kiefern sind an sporadische Feuerereignisse gut angepasst: Ihre dicke Borke schützt vor der Hitze, ihre Nadeln brennen dank eingelagerter, leicht entzündlicher ätherischer Öle fast explosionsartig ab und bieten dem Feuer nur sehr kurzzeitig Nahrung. Wer je die trostlose Mondlandschaft gesehen hat, die große Brände in den Kiefernwäldern einiger Kanareninseln in der jüngeren Vergangenheit hinterlassen haben,

Feuerökologie

Natürliche Feuer entstehen in der Regel durch Blitzschlag, seltener durch Selbstentzündung. Viel häufiger sind anthropogene Ursachen, die von der weggeworfenen Zigarettenkippe über leichtsinnigen Umgang mit offenem Feuer bis hin zu gezielter Brandstiftung reichen. Entscheidend für das Ausmaß der Schäden und für die Regenerationskraft der betroffenen Artengemeinschaften sind die Art und die Häufigkeit der Feuerereignisse:

Läuft das Feuer schnell mit dem Wind oder langsam und intensiv gegen den Wind? Bleibt es auf die Bodenregion beschränkt oder springt es in die Kronen über? Dringt es tief in den Boden ein (zum Beispiel bei Torfböden, die noch monatelang unter der Erde weiterglimmen können) oder wird nur die Streuschicht verbrannt? All dies hat spezifische Auswirkungen. Mittlerweile hat sich die Feuerökologie zu einem eigenen Wissenschaftsfeld entwickelt.

Feuer in einem Buchenwald, der normalerweise nicht regelmäßig von Feuern heimgesucht wird, hat viel dramatischere und viel länger andauernde Folgen als Feuer in einem daran angepassten Ökosystem wie dem Kiefernwald.

Natürliche Feuer treten normalerweise in einem Gebiet unregelmäßig und in so großen Abständen auf, dass sich die betroffenen Flächen regenerieren können. Unter dem Einfluss des Klimawandels mit zunehmend längeren Trockenperioden im Sommer, verbunden mit dem oft unangepassten Verhalten des Menschen, kommt es weltweit jedoch zu immer häufigeren und auch immer heftigeren und ausgedehnteren Bränden. Selbst die an Feuer grundsätzlich angepassten Ökosysteme etwa in Australien oder Kalifornien geraten dadurch mittlerweile in existenzielle Gefahr. In vielen Teilen der Welt spielt Brandrodung bis heute eine wichtige, wenngleich unrühmliche Rolle.

Unkontrollierten Waldbränden lässt sich entgegen wirken, indem man in regelmäßigen Abständen vegetationslose Brandschneisen durch die Forsten schlägt, an denen das Feuer zum Stehen kommt. Auch das regelmäßige kontrollierte Abbrennen der trockenen Bodenstreu verhindert größere und schnell unkontrollierbar werdende Feuer. In der bäuerlichen Landwirtschaft früherer Zeiten spielte das gezielte Abflämmen von Böschungen, Brachflächen und Heiden im Winter eine wichtige Rolle, um die Flächen offen zu halten. In den 1970er-Jahren wurde diese Praxis in Deutschland generell verboten. Mit behördlicher Ausnahmegenehmigung kommt der gezielte Feuereinsatz gelegentlich aber noch bei der Biotop-Pflege zum Erhalt offener Heideflächen zum Einsatz.

vermag sich kaum vorzustellen, dass dort, auf den ohnehin kargen Vulkanböden, jemals wieder etwas wachsen würde. Doch schon wenige Wochen später zeigte sich erstes Grün an den verkohlten Stämmen der betroffenen Kanarenkiefern: Die Hitze hatte schlafende Knospen aktiviert. Die Abhängigkeit von Feuerereignissen geht bei manchen der weltweit mehr als einhundert Kiefernarten sogar so weit, dass sich ihre durch Harz verschlossenen Zapfen erst durch Feuereinwirkung öffnen und die Samen freigeben. Diese finden in der nährstoffreichen Asche am Waldboden optimale Keimbedingungen bei fehlender Konkurrenz durch krautige Pflanzen, die dem Feuer zum Opfer fielen.

Feuer ist also einer von vielen natürlichen Faktoren, die unter ungestörten Verhältnissen die langfristige Dynamik von Waldökosystemen beeinflussen können, genauso wie Hochwasserereignisse (s. ab S. 72 und S. 104) oder der Einfluss weidender Tiere (s. S. 66). In heutiger Zeit ist aber vor allem menschliches Handeln oder Nichthandeln entscheidend für die Gestaltung der Landschaft: So verbrannten etwa im heißen Sommer 1975 im niedersächsischen Landkreis Lüchow-Dannenberg nahe des Städtchens Gartow innerhalb kürzester Zeit mehr als 2000 Hektar Kiefernforst, mehrere Feuerwehrleute starben in den Flammen. Nicht alles wurde wieder aufgeforstet, auf mehr als 500 Hektar entstand eine reizvolle Heidelandschaft, die Nemitzer Heide, die mittlerweile unter Naturschutz steht und seltenen Vogelarten wie dem Ziegenmelker, der Heidelerche, dem Schwarzkehlchen und selbst dem Wiedehopf eine neue Heimat bietet.

Die winzigen Blüten der Besenheide erscheinen im Spätsommer.

Rätselspecht im wilden Wald

Bergmischwald im Juni **Weißrückenspecht**

Wild und wüst sieht es hier im Bergwald aus, zugleich auf Ehrfurcht gebietende Art erhaben: Zwischen mächtigen, uralten, vitalen Buchen, Tannen und Fichten stehen eindrucksvolle Baumruinen, übersät mit den konsolenförmigen Fruchtkörpern von Schwammpilzen. Vermodernde Stämme und Wurzelteller gefallener Riesen, teilweise im Sturm kreuz und quer übereinander gestürzt und bedeckt mit dicken Moosschichten, abgebrochene Starkäste und die Überreste ganzer Baumkronen bilden stellenweise ein undurchdringliches Verhau. Ein Bach schlängelt sich ungezähmt am Fuß steiler Hänge zwischen Felsbrocken und Moderholz. An wenigen lichten Stellen ringen üppige Krautvegetation und Baumschösslinge um lebenspendendes Sonnenlicht.

Welch ein Kontrast zu den aufgeräumten Wirtschaftsforsten, in denen die Bäume häufig nach Altersklassen und Baumarten getrennt »ordentlich« in Reih' und Glied stehen. Hier aber darf seit Jahrzehnten, vielleicht Jahrhunderten alles wachsen und vergehen, im langsamen Rhythmus des Waldes und ohne Eingriffe des Menschen. Solche Wälder, die nur vor sehr langer Zeit oder vielleicht noch nie Axt und Säge spürten, sind in Deutschland äußerst rar geworden. Nur dort, wo auf extrem steilen und abgelegenen Standorten die Holzgewinnung unmöglich oder unrentabel war, blieben kleinflächige Reste dieser Primärwälder erhalten, so an wenigen Stellen in den Alpen und im inneren Bayerischen Wald an der Grenze zum tschechischen Böhmerwald. Verbreiteter findet man sie noch in Osteuropa, etwa in den rumänischen Karpaten, doch teils illegale Abholzungen in großem Stil gefährden auch dort die letzten Urwälder Europas. Für viele Menschen mag ein solcher Wald unaufgeräumt, chaotisch und vielleicht auch unheimlich wirken, doch diese Waldwildnis ist unser Naturerbe. Und dort wollen wir uns einmal genauer umsehen und umhören.

Jetzt im Juni ist es im Bergwald sehr schattig. Das dichte Blätterdach der Buchen (s. S. 29) und die dichtbenadelten Kronen der mächtigen **Weißtannen** lassen kaum Licht auf den Boden fallen. Ähnlich wie die Rotbuche ist auch die Tanne eine Schattbaumart, deren Keimlinge hundert Jahre oder mehr im sogenannten Schattenschlaf überdauern können, ehe ein stürzender Baumriese einen Licht-

O Tannenbaum ...

Die heimische **Weißtanne** findet nur noch selten als geschmückter Weihnachtsbaum den Weg in unsere Wohnstuben, noch weniger die leicht nadelnde Fichte. Die beliebtesten deutschen Weihnachtsbäume sind die **Nordmanntanne,** ursprünglich im Kaukasus beheimatet, und die **Stechfichte** oder **Blaufichte** (fälschlich meist Blautanne genannt), die aus dem Gebiet der Rocky Mountains im Westen der USA stammt. Beide Arten werden massenhaft und meist unter Einsatz hochgiftiger Pestizide in speziellen Weihnachtsbaum-Kulturen gezogen und als »Wegwerfbäume« nach festlichem Gebrauch geschreddert und kompostiert.

Typisch für die Weißtanne sind ihre aufrecht stehenden Zapfen.

schacht öffnet, der dem Baumnachwuchs die Möglichkeit zum Wachsen gibt. Diesbezüglich stellen Tannen alle anderen europäischen Baumarten buchstäblich in den Schatten: Unter optimalen Bedingungen können einzelne Weißtannen innerhalb eines halben Jahrtausends 65 Meter hoch werden und einen Durchmesser (gemessen in Brusthöhe eines erwachsenen Menschen) von knapp vier Meter bei einem Stammumfang von bis zu zwölf Metern erreichen. In deutschen Wäldern sind bereits Exemplare mit einer Höhe von 50 Metern und einem Durchmesser von zwei Metern eine Ausnahmeerscheinung.

Bei genauem Hinschauen sehen wir überall Tannenkeimlinge, bevorzugt auf vermodernden Stämmen. Der erhöhte Wuchsplatz bietet ihnen einen wichtigen

Pilze – die verkannte Macht im Untergrund

Erfahrene Pilzsammler wissen es: Bestimmte Pilze findet man bevorzugt oder gar ausschließlich in der Nachbarschaft bestimmter Baumarten. Das ist kein Zufall: Die unterirdisch wachsenden, sehr feinen Pilzfäden (Hyphen, in ihrer Gesamtheit auch Mycel genannt) umschließen die Feinwurzeln der Bäume mit einem engmaschigen Geflecht, das als »Mykorrhiza« (griechisch: Pilzwurzel) bezeichnet wird. Pilz und Baum bilden eine Symbiose zum beiderseitigen Nutzen: Die Pilzhyphen vermögen Wasser und darin gelöste Nährstoffe effektiver aufzunehmen, als die Wurzeln es könnten, und stellen sie dem Baum zur Verfügung. Im Gegenzug liefert der Baum seinem Pilzpartner Zuckerverbindungen aus der Fotosynthese, die dieser nicht selbst produzieren kann. Zudem weiß man heute, dass die einzelnen Baumindividuen über Mykorrhiza-Pilze verbunden sind und auf diese Weise untereinander chemische Botschaften austauschen können (ebenso oberirdisch über flüchtige Substanzen). Sie bilden auf diese Weise ein gigantisches Informationsnetz, man spricht in Anlehnung an das informationstechnologische »world wide web« (www) auch von einem natürlichen »wood wide web«.

Andere Vertreter der Pilze wie etwa der Zunderschwamm spielen eine entscheidende Rolle beim natürlichen Holz-Recycling: Nur sie sind in der Lage, den Holzstoff Lignin, ein komplexes Biopolymer-Molekül, abzubauen. Dieser Prozess kann auch an morschen Stellen eines noch lebenden Baumes ablaufen und ist von außen an den mehrjährigen Konsolen der Fruchtkörper dieser Schwamm-Pilze erkennbar, die durch die Rinde oder Borke brechen.

Wieder andere Pilzarten treten als gefährliche Pflanzenschädlinge auf. Einige von ihnen verstopfen die Leitungsbahnen von Bäumen und bringen diese so zum Absterben. In Mitteleuropa sind davon besonders Ulmen, Eschen und Erlen in unterschiedlich großem Ausmaß betroffen.

Pilze bilden ebenso wie Tiere und Pflanzen (zu denen sie früher gerechnet wurden) ein eigenes Reich innerhalb der biologischen Systematik der Lebewesen. Da uns in der Regel nur ihre oberirdischen Fruchtkörper (die wir im Falle von essbaren Arten als »Pilze« verspeisen) auffallen und sich ihr sonstiges Leben und Treiben im Verborgenen abspielt, wurde ihre immense ökologische Bedeutung lange verkannt und erst nach und nach wissenschaftlich entschlüsselt.

Standortvorteil gegenüber konkurrierendem Krautwuchs. Zudem ist der Humus, der bei der langsamen Zersetzung des Holzes entsteht, ein ideales Keimbett für die jungen Bäumchen. Noch Jahrzehnte oder Jahrhunderte später erinnert eine auffallend geradlinige Reihe großer Tannen auf mächtigen Stelzwurzeln, zwischen denen der alte Stamm längst verrottet ist, an diese sogenannte Rannenverjüngung.

Fruchtkörper des Zunderschwamms

Rhythmische Klopfgeräusche lassen uns aufhorchen. Ein Specht? Für diese Vögel ist das große Angebot an morschem und totem Holz in diesem urwüchsigen Wald das reinste Paradies, bietet es doch reichlich Nahrung und Möglichkeiten zum Höhlenbau zugleich. Anders als man vielleicht denken könnte, steckt Totholz voller Leben, ja ein Baum wird vielfach erst dann für viele spezialisierte Arten interessant, wenn er allmählich in die Zerfallsphase eintritt. Viele dieser Moderholzbewohner, darunter zahlreiche seltene Käfer und Pilze, sind bei uns inzwischen fast verschwunden, weil in Wirtschaftsforsten die Bäume weit vor ihrem Eintritt in die natürliche Alterungsphase »geerntet« werden (s. S. 43).

Wieder das Klopfen. Es scheint von dem morschen Buchenstamm da drüben zu kommen. Dort hat in gut fünfzehn Meter Höhe wohl ein Sturm vor Jahren den oberen Teil des Stammes mitsamt der Krone regelrecht abgedreht – die Bruchstelle ist bizarr gesplittert, die Überreste liegen ringsum verstreut. Das Klopfen kommt von der uns abgewandten Seite. Der Vogel bleibt unseren Augen zunächst verborgen. Auf die andere Seite des Stammes zu gelangen, ist angesichts des unwegsamen Geländes schwierig und auf jeden Fall mit einer Störung verbunden, die eine ruhige Beobachtung vereiteln könnte. Also ist wieder einmal Geduld gefragt. Fünf Minuten vergehen, zehn Minuten – wir hören, dass der Specht nach wie vor fleißig ist. Kopfschmerzen oder gar eine Gehirnerschütterung bekommt er beim Hacken übrigens nicht, dafür sorgen eine federnde Verbindung zwischen Schnabel und Schädel sowie eine extra dicke, gallertige Bindegewebshülle um das Gehirn, die wie ein Stoßdämpfer wirkt. Weitere Minuten vergehen. Doch da, ganz kurz nur, zeigt sich ein schwarz-weiß-rot gezeichneter Kopf. Also ein Vertreter der Buntspechte – aber welcher? Sollte das vielleicht sogar ein hierzulande äußerst rarer Weißrückenspecht sein?

Warum Bäume nicht in den Himmel wachsen

Weißtannen sind gewiss beeindruckend hohe Bäume, doch Zwerge gegenüber Vertretern kalifornischer Mammutbäume, deren ferne Vorfahren bereits zu Zeiten der Dinosaurier lebten. Den aktuellen Weltrekord hält der »Mendocino-Tree«, ein Küsten-Mammutbaum mit einer sagenhaften Höhe von mehr als 112 Metern, der 1996 exakt vermessen wurde. Ähnlich groß werden manche australischen Eukalyptus-Bäume: Ein 1872 gefälltes Exemplar maß angeblich 132,5 Meter. Allerdings ist bei überlieferten Rekorden dieser Art – ähnlich wie beim Alter vieler »tausendjähriger« Bäume (s. S. 42) – grundsätzlich Vorsicht geboten, denn diese Angaben beruhen nicht selten auf Schätzungen, Übertreibungen oder schlichten Umrechnungsfehlern unterschiedlicher Maßeinheiten (vom angelsächsischen Fuß in Meter).

Aber wie hoch können Bäume theoretisch überhaupt werden? Der begrenzende Faktor des Höhenwachstums liegt nicht in der Stabilität des Stammes oder der Verankerungskraft des Wurzelwerks. Es ist vielmehr der Wassertransport von den Wurzeln in die Blätter des oberen Kronenbereichs. Das Wasser fließt in engen Kapillaren durch Kapillarkräfte nach oben, entgegen der Schwerkraft und zusätzlich behindert durch Reibungsverluste. Je höher der Baum wächst, desto schwieriger wird die Wasserversorgung der obersten Blätter. Das wiederum wirkt sich negativ auf die Entwicklung weiterer Blattmasse und auf die Fotosynthese-Leistung aus. Ab einem gewissen Punkt lässt die Schwerkraft die Wassersäule in den Kapillaren abreißen, die Wasserversorgung der Baumkronen kommt zum Erliegen. Diese physikalischen Gründe begrenzen das Höhenwachstum eines Baumes auf rund 130 Meter – unabhängig vom Wasserangebot im Boden. Wie hoch ein Baum tatsächlich wird, hängt allerdings stark von verschiedenen Faktoren ab, etwa von Klima, Windexposition oder Nährstoffversorgung.

Angetrieben wird der Wassertransport von Wurzel zu Wipfel durch die stetige Verdunstung durch die Blätter, das Wasser wird »nachgezogen«. Bei winterkahlen Laubbäumen wird es mit beginnendem Laubaustrieb im Frühjahr zunächst von den Wurzeln hochgepumpt, was im Gegensatz zum Transpirationssog viel Energie kostet. Das dürfte der Grund dafür sein, dass immergrüne Gehölze wie die Nadelbäume, ebenso viele Laubbäume des tropischen Regenwaldes, vielfach deutlich höher aufwachsen als die sommergrünen Laubbäume unserer Breiten. Letztere begnügen sich je nach Art und Standort mit durchschnittlichen Höhen von 20 bis 35 Metern.

Der seltene Weißrückenspecht lebt nur in urwüchsigen Wäldern mit viel Totholz.

Ruhe bewahren, genau beobachten, wahrscheinlich ist es doch »nur« der viel häufigere Buntspecht, der in unseren Wäldern und Parks allgegenwärtig ist. Weitere Minuten vergehen, wir hören den Vogel nur hämmern und hacken – offenbar hat er eine ergiebige oder besonders schwer zugängliche Nahrungsquelle entdeckt. Da lugt er wieder hinter dem Stamm hervor: Er hat eindeutig eine rote Kopfplatte. Das kann zumindest kein erwachsener Buntspecht sein, denn bei dieser Art zeigt das Männchen nur an Hinterscheitel und Nacken einen roten Fleck, der dem Weibchen fehlt. Das könnte also ein Weißrückenspecht sein. Oder ein Mittelspecht. Aber auch junge Buntspechte zeigen einen solchen roten Oberkopf. Schon ist der Vogel wieder verschwunden. Vielleicht sind wir ihm nicht geheuer, vielleicht sollten wir uns unauffällig etwas entfernen und in Deckung gehen. Davon gibt es hier schließlich genug. Gesagt – getan. Das Fernglas fest umklammert, starren wir weiter unverwandt auf den besagten Baumstamm. Und endlich, nach weiteren zäh verrinnenden Minuten, rutscht der Rätselspecht langsam und vorsichtig in unser Blickfeld. Ebenso langsam und vorsichtig heben wir das Fernglas an die Augen und hoffen, dass der Vogel dieses Mal lange genug sitzen bleibt, um ihn genau betrachten zu können. Er tut uns den Gefallen.

Die schwarze Y-förmige Halszeichnung und die deutliche Strichelung der rosabeige gefärbten Flanken zeigen: Das ist eindeutig kein Buntspecht. Er wirkt auch größer als dieser und erst recht größer als der ähnlich gezeichnete Mittelspecht. Zwar können wir aus der seitlichen Perspektive die Rückenzeichnung nicht erkennen, aber dieser starke, lange Schnabel, dazu ein bis zum Schnabelwinkel reichender schwarzer Streifen – kein Zweifel: Das ist tatsächlich ein männlicher **Weißrückenspecht,** der seltenste und auch scheueste Vertreter der neun in Deutschland heimischen Spechtarten.

Als Bewohner urwüchsiger Wälder ist dieser Vogel auf ein ausreichendes Angebot an starkem Tot- und Morschholz angewiesen. Nur dort findet er genügend Larven holzbewohnender Insekten. In Österreich ermittelten Vogelkundler für Reviere des Weißrückenspechts durchschnittlich 58 Festmeter Totholz pro Hektar, was fast urwaldartigen Bedingungen entspricht. Zudem braucht es 50 bis 100 Hektar solchen »wilden« Waldes, um einem einzigen Spechtpaar das Überleben zu sichern. In Bayern begnügen sich die Vögel teilweise auch mit einem etwas geringeren Anteil von stehendem Totholz, auch in schwächerer Ausprägung, benötigen dann aber wesentlich größere Reviere von rund 200 Hektar. Der Weißrückenspecht ist eine typische »Urwaldart«, genauso wie etwa das Auerhuhn oder der Habichtskauz, der aus Deutschland bereits verschwunden war und im Bayerischen Wald mühsam, aber letztlich erfolgreich wieder angesiedelt wurde. Sie alle stellen so hohe Ansprüche an Flächengröße, Ungestörtheit und natürliche Ausstattung ihrer Lebensräume, dass sie in Wirtschaftswäldern nicht überleben können und daher in Deutschland vom Aussterben bedroht sind.

Rotbuche und Weißtanne sind neben dem Bergahorn die Charakterarten des Bergmischwaldes. Mit zunehmender Höhe geht dieser in den Tannen-Fichtenwald und schließlich in den reinen Bergfichtenwald über. Die nahezu flächendeckende Verbreitung der Fichte als Forstbaum täuscht darüber hinweg, dass sie in Deutschland als wildwachsende Baumart von Natur aus selten und auf wenige

Nur wo ausreichend Licht auf den Waldboden fällt,
können junge Bäume und krautige Pflanzen gut gedeihen.

Gebiete mit besonders rauem Klima beschränkt ist. Exponierte Kammlagen und Kaltluftmulden in den Alpen und den höheren Mittelgebirgen wie Schwarzwald oder Bayerischer Wald sind der ursprüngliche Lebensraum der Fichte außerhalb der borealen Nadelwälder Skandinaviens und Russlands.

Die im Vergleich zur Fichte (s. S. 10, dort sind auch einige morphologische Unterschiede zwischen beiden Arten dargestellt) deutlich weniger anpassungsfähige und in mehrerlei Hinsicht (zum Beispiel Luftschadstoffe, Wildverbiss) empfindlichere Weißtanne eignet sich hingegen nicht für eine Plantagenkultur außerhalb ihres Lebensoptimums. Sie ist in ihrem Vorkommen von allen europäischen Waldbaumarten am stärksten an ozeanisch beeinflusste Klimabereiche der Gebirgsregionen zwischen Pyrenäen und Balkan gebunden.

Seit einigen Jahrzehnten sorgen Belastungen durch Luftschadstoffe, Überdüngung, sommerliche Trockenperioden, zunehmende Sturmereignisse und Schädlingsbefall dafür, dass künstliche Fichtenforsten auf großer Fläche vernichtet werden (s. ab S. 155). Auch natürliche Bergfichtenwälder wie jene im Nationalpark Bayerischer Wald blieben nicht verschont. Doch was dort anfangs als ökologische Katastrophe erschien, erwies sich in der Folgezeit als Musterbeispiel für die Regenerationskraft und die Dynamik vom Menschen unbeeinflusster Waldökosysteme. Wilde Natur muss dabei nicht zwingend menschlichen Idealen von Natur entsprechen. Sie hat ihre ureigene Ästhetik und folgt ihren eigenen Gesetzen.

Der Borkenkäfer – gefährlicher Schädling oder ökologische Schlüsselart?

1970 wurde im Bayerischen Wald der erste deutsche Nationalpark gegründet. Die Grundidee eines Nationalparks ist es, natürliche Prozesse möglichst ungestört ablaufen zu lassen, nach dem Motto »Natur Natur sein lassen«. Schon bald wurde diese Idee auf eine harte Probe gestellt: Als 1983 Stürme rund 70 000 Festmeter Holz fällten und damit riesige Schneisen in den alten Bergfichtenwald rissen, beschloss die Nationalpark-Verwaltung gegen heftigen Widerstand großer Teile der lokalen Bevölkerung, aber mit Unterstützung des damaligen bayrischen Forstministers Hans Eisenmann, nicht einzugreifen, das Sturmholz liegen zu lassen und die weitere Entwicklung abzuwarten und zu dokumentieren.

Wie zu erwarten, stellten sich alsbald Borkenkäfer ein. Es gibt mehrere Arten von ihnen, einige tragen als Artnamen alte Berufsbezeichnungen wie Buchdrucker oder Kupferstecher, nach dem Aussehen ihrer charakteristischen Fraßbilder. Diese Winzlinge sind in der Forstwirtschaft gefürchtet, denn sie dringen durch die Borke der Nadelbäume in die darunterliegende Bastschicht ein, wo die erwachsenen Käfer und ihre Larven ein umfangreiches Gangsystem anlegen. Dadurch wird der Wassertransport in den Bäumen unterbrochen, wodurch diese langsam vertrocknen und absterben. Ein gesunder Nadelbaum ist in der Lage, eindringende Käfer durch gezielte Harzproduktion unschädlich zu machen. Doch mit vorgeschädigten Bäumen, etwa durch Trockenstress, haben die Insekten leichtes Spiel, sie sind typische Schwächeparasiten.

Erst recht konnten sie sich in den zerborstenen und gefallenen Fichtenstämmen massenhaft vermehren. (Nur) im Falle einer solchen Massenvermehrung können anschließend auch gesunde Nadelbäume von Borkenkäfern befallen werden. In den folgenden Jahren und Jahrzehnten machte sich der Klimawandel mit deutlich verringertem Winterniederschlag, warmen Temperaturen bereits im April und außergewöhnlichen sommerlichen Trockenperioden mehr und mehr bemerkbar: Die an kühlfeuchtes Klima angepassten Bäume litten gewaltig, bei den Borkenkäfern hingegen führten diese Bedingungen zu einer Massenvermehrung mit mehreren Generationen pro Jahr. In der Folge wurde der gestresste Bergwald auf riesiger Fläche ein Opfer von Stürmen und Schadinsekten. Die Kritiker sahen sich bestätigt – das Ende des Nationalparkgedankens?

Keineswegs: Schon sehr bald regte sich zwischen gefallenem und noch stehendem Totholz neues Leben: Weidenröschen, Himbeeren und Roter Holunder sowie zahlreiche krautige Pflanzen, die im dunklen Wald nicht gedeihen können, wuchsen auf, dazwischen schossen Pionierbaumarten wie Birken, Vogelbeeren, Ahorne, Zitterpappeln und Salweiden in die Höhe, auch zahllose junge Fichten, deren Keimlinge Schatten viel weniger gut vertragen als der Nachwuchs von Tannen und Buchen. Innerhalb von nur drei Jahrzehnten wuchs auf den »Katastrophenflächen« ganz ohne Zutun des Menschen ein natürlicher, gesunder Mischwald heran. Möglich wurde dies nur, weil das Verhau gestürzter Stämme und Kronen den Boden vor Erosion durch Regengüsse bewahrte, bei seiner Zersetzung Nährstoffe in den Boden brachte und gleichzeitig den aufkommenden Jungwuchs vor den Mäulern hungriger Rehe und Hirsche schützte, die anderenorts eine Naturverjüngung ohne Wildschutzzäune unmöglich machen.

Durch ein für menschliches Empfinden »katastrophales« Ereignis – unvorhersehbar, chaotisch und wesentlich mitverursacht durch die Invasion der Borkenkäfer – stieg und steigt letztlich die Artenvielfalt, nicht nur die der Vögel (s. S. 162). Und auch der Lebensraum wurde komplexer. Als »ökologische Schlüsselart« führten die kleinen Krabbler zu einem vergleichsweise kurzfristigen »Turn Over« der Waldgesellschaft. Die Strategie »Natur Natur sein lassen« erwies sich letztlich als die richtige. Doch leider ist sie immer noch die Ausnahme: Als 1997 die Fläche des Nationalparks erweitert wurde, führten massive Proteste der lokalen Bevölkerung zu einem politischen Zugeständnis: Vom Borkenkäfer befallene Fichten mussten – wie es Sitte ist und Brauch bei Förstern und Waldbesitzern und zudem fast überall gesetzlich geregelt – unverzüglich entfernt werden, um ein Übergreifen auf benachbarte Waldbestände zu verhindern. Das führte unter Einsatz schwerer Maschinen, die den Boden verdichteten, zu massiven Kahlschlägen mit fatalen Folgen: Auf rund 2000 Hektar Fläche entstand (ohne die sonst übliche und außerhalb des Nationalparks vorgeschriebene Wiederaufforstung) weitgehend baumloses, verstepptes Land – etwa acht Prozent der Nationalparkfläche.

Leben an der Baumgrenze

Krummholzzone im Juni

Ringdrossel und Birkenzeisig

Bereits am frühen Morgen sind wir aus einem malerischen Alpental zu einer Tagestour aufgebrochen. Eine Berghütte jenseits der Baumgrenze ist unser Ziel. Auf schmalen Serpentinenwegen wandern wir durch dichten Mischwald den Berg hinauf. Immer wieder gilt es auch recht steile Passagen des von knorrigen Baumwurzeln durchzogenen Pfades zu bewältigen. Eine mitunter anstrengende Angelegenheit – doch zum Glück finden wir im fichtenreichen Bergwald (s. S. 86) Schatten vor der Sonne, die jetzt Mitte Juni schon sehr kräftig scheint. Das macht das Wandern angenehm. Immer höher windet sich der Pfad, bald zeigt unser Höhenmesser knapp 1800 Meter an. Allmählich lichtet sich der dunkle Fichtenwald, Lärchen treten hinzu. Ihre hellgrünen, erst vor Kurzem frisch ausgetriebenen Nadeln leuchten in der Sonne.

Inzwischen ist es Vormittag geworden, Zeit für eine kleine Verschnaufpause. Dort, wo große Steine am Wegesrand liegen, ist ein guter Platz für eine kurze Rast. Hier lassen wir uns nieder und packen unsere mitgebrachte Brotzeit aus. Mit durchdringendem, wiederholtem »krööóh« machen Tannenhäher (s. S. 98) auf sich aufmerksam. Sie sind Charaktervögel des Bergwaldes. Wir schenken ihnen nur kurz Beachtung, da sie sich weitestgehend vor unseren Augen verborgen halten. Nur ganz flüchtig erhaschen wir einen Blick auf einen der Vögel, der aus einer Fichtenspitze abfliegt und gleich wieder im dichten Nadelgrün verschwindet. Erst mal ist jetzt das zweite Frühstück dran, der Magen knurrt nach der anstrengenden Wanderung.

Kaum haben wir den letzten Bissen verdrückt, klingt aus einiger Entfernung ein lauter Vogelgesang zu uns herüber, den wir nicht recht einordnen können. Unterschiedliche Motive, jeweils zweimal, manchmal dreimal hintereinander vorgetragen – eine Singdrossel? Diese wiederholt ihre Motive jedoch öfter und singt abwechslungsreicher. Und die Klangfärbung »unseres« Vogels erinnert auch eher an eine Amsel oder an eine Misteldrossel. Deren Gesänge klingen aber wieder anders und zeigen nicht diese auffallenden Wiederholungen. Irgendwie klingt es wie eine Mischung aus allen drei Arten. Ein aberrant (abweichend) singender Vogel? Unsere Brotzeit-Pause endet schneller als eigentlich geplant, und wir

Alpenrose

machen uns auf die Suche nach dem geheimnisvollen Sänger. Der ist inzwischen verstummt. Typische Situation: Waldvogel im Wald ... Da er nicht mehr singt, können wir ihn auch nicht orten. Wahrscheinlich hat er uns längst gesehen und hält sich versteckt. Aber mit ein bisschen Glück werden wir ihm vielleicht noch begegnen. Also gehen wir weiter, unserem Ziel entgegen.

Inzwischen stehen nur noch vereinzelte, schlechtwüchsige Fichten zwischen den Lärchen, die nun die Vorherrschaft übernommen haben. Die **Lärche** hat trotz ihrer anmutigen Erscheinung eine robuste Natur und stößt in den Alpen bis zur Waldgrenze vor. In welcher Meereshöhe diese verläuft, ist von verschiedenen Faktoren abhängig, etwa den Bodenverhältnissen, der Regenmenge und Sonnenexposition, der Länge der Vegetationsperiode und auch von örtlichen Gegebenheiten und dadurch bedingtem Mikroklima. Natürlich spielen auch die Ansprüche der dort wachsenden Baumarten eine wesentliche Rolle für die höhenbedingte Waldgrenze. Lärchen sind echte »Bergsteiger«, die bis auf 2500 Meter aufsteigen können. Gepflanzt findet man sie allerdings auch in Mischwäldern des Flachlandes und der Mittelgebirge, denn ihr schweres und hartes Holz, das in dieser Hinsicht unter allen europäischen Nadelnutzhölzern nur von der selten gewordenen und kaum mehr genutzten Eibe übertroffen wird, ist robust, pflegeleicht, witterungsbeständig und äußerst vielseitig verwendbar. Zusätzlich zur Europäischen Lärche werden in unseren heimischen Forsten teilweise auch Japanische Lärchen oder Hybriden aus beiden Arten angebaut.

Im Verlaufe unseres Weges lichtet sich der Lärchenwald und gibt den Blick frei auf die grandiose Bergwelt. In den Hochlagen liegt hie und da noch etwas Schnee. Jetzt kann es nicht mehr weit sein bis zu unserem Ziel. Immer öfter begegnen uns krüppelig wachsende Nadelgehölze, deren Stamm sich horizontal über den Boden schiebt – eine Anpassung an hohe Schneelasten und abgehende Lawinen

Die Zirbelkiefer – Überlebenskünstlerin im Fels

Die Europäische Lärche bildet häufig gemischte Bestände mit der **Zirbelkiefer,** die auch **Zirbe** oder **Arve** genannt wird. Lärchen-Arven-Wälder sind die typische Waldgesellschaft der oberen Waldgrenze in den Hochlagen der Gebirge. An lawinengefährdeten Hängen kommt ihnen eine wichtige Funktion als Schutzwald zu.

In den deutschen Alpen findet man die Zirbelkiefer nur stellenweise, etwa im Nationalpark Berchtesgaden, nicht aber im Allgäu. Ihr Verbreitungsschwerpunkt liegt in den trockenkalten Zentralalpen, wo sie bevorzugt in Höhen zwischen 1500 und 2000 Metern wächst. Einzelne Exemplare dieser äußerst frostresistenten Baumart wagen sich sogar bis auf 2850 Meter vor. Unter moderaten Bedingungen ebenmäßig geformt, bis zu 25 Meter hoch und fast bis zum Boden beastet, zeigen die Bäume hier, in der alpinen »Kampfzone« des Waldes, ein ganz anderes Aussehen: oft kleinwüchsig, bizarr, verkrüppelt oder mehrstämmig wachsend, von eisigen Schneestürmen zerzaust, von Lawinen und Steinschlag geborsten, von Blitzeinschlägen gezeichnet, von hungrigen Gämsen verbissen.

Mit kräftigen Senkerwurzeln im nackten Fels verkrallt, trotzen sie eisigen Wintertemperaturen (unter Laborbedingungen wurde eine Frostresistenz von minus 43 Grad Celsius ermittelt). Auf solchen Extremstandorten begegnet man nicht selten knorrigen Zirbelkiefern mit hohlem Stamm. Noch lebend, beginnen sie langsam von innen auszufaulen. Der dabei entstehende Moderhumus sickert durch Spalten in den felsigen Untergrund, wird weiter zersetzt und in mineralischer Form von den Baumwurzeln aufgenommen. Durch dieses »Selbstrecycling« können die Bäume auch auf sehr kargen Böden noch ihr Auskommen finden und dabei ein ehrwürdiges Alter von 1000 Jahren erreichen.

Für die Ausbreitung ihrer Samen ist die Zirbe zwingend auf die Hilfe des **Tannenhähers** angewiesen: Anders als bei anderen Kiefernarten, deren Samen vom Wind verbreitet werden, öffnen sich ihre Zapfen nicht von allein, sondern müssen vom starken Schnabel des Tannenhähers geöffnet werden. Der Vogel hat es auf die schweren und energiereichen Zirbelnüsse abgesehen, die er zum größten Teil für eine spätere Nutzung in Verstecken deponiert. Er übertrifft dabei noch die Sammelleistung des Eichelhähers (s. ab S. 125): Bis zu 100 000 Zirbelnüsschen bunkert ein einzelner Tannenhäher während einer Saison und legt dafür etwa 6000 Verstecke an! Die Wiederfundrate liegt zwischen 80 und 95 Prozent – dennoch verbleiben immer noch genügend Samen im Boden, um die Verbreitung der Zirbelkiefern sicherzustellen. Eine solche Strategie bezeichnen Ökologen als »Versteckausbreitung«. Während die Arve zwingend auf den Tannenhäher angewiesen ist, gilt dies umgekehrt nicht so ausschließlich: Wo dieser Baum fehlt, ernährt sich der Vogel im Winter von den Samen anderer Nadelbäume, auch von Haselnüssen, Eicheln und Bucheckern.

im Winter. Es sind **Latschenkiefern,** oft kurz **Latschen** genannt – eine speziell angepasste Unterart der **Bergkiefer.** Wegen ihres niederliegenden, krüppeligen Wuchses werden diese Gehölze auch Legföhren oder Krüppelkiefern genannt. In den bayerischen Alpen nur lokal verbreitet ist eine andere, aufrecht wachsende Unterart, die Spirke oder Hakenkiefer. Moorspirken schließlich, eine dritte Unterart der Bergkiefer, wachsen an den Rändern von Hochmooren der Alpen, des Schwarzwaldes und des Bayerischen Waldes.

Hier, im Übergangsbereich des Lärchenwaldes zur Krummholzzone, wollen wir uns einmal genauer umsehen. Hier könnten wir mit etwas Glück auf Birkhühner treffen, die in diesen alpinen Lebensräumen, an der Höhengrenze des Waldes, optimale Lebensbedingungen finden und daher dort ihren Verbreitungsschwerpunkt in Deutschland haben. Jetzt im Juni und um diese späte Tageszeit – inzwischen ist es fast Mittag geworden – stehen die Chancen allerdings denkbar schlecht, die sehr scheuen Vögel beobachten zu können. Wenn es in diesem doch recht erschlossenen Gebiet überhaupt Birkwild gibt, werden im Vorfrühling, wenn noch Schnee die Almen bedeckt, die Hähne hier ihre eindrucksvolle Arenabalz vollführen. Aber wir beschließen, trotzdem eine ausgiebige Rast zu machen, und verhalten uns still – man weiß ja nie ...

Plötzlich hören wir wieder den Rätselgesang von vorhin, recht nah – jetzt müssten wir den Vogel doch finden. Tatsächlich: Da, auf dem abgestorbenen Ast einer einzeln stehenden Lärche, sitzt etwas. Doch kaum entdeckt, fliegt der Vogel auch schon steil herunter und verschwindet in einem Latschengebüsch. Also warten, bis er wieder hervorkommt ... Da drüben bewegt sich etwas: Ein drosselgroßer, schwarzer Vogel hüpft hervor und stochert im Boden. Eine Amsel? So hoch oben am Berg? Jetzt sitzt er ganz frei und wir können ihn mit dem Fernglas gut beobachten. Im Brustbereich hat er eine leuchtend weiße, halbmondförmige Zeichnung. Es gibt zwar auch Amseln mit unterschiedlich ausgeprägten weißen Gefiederpartien, aber »unser« Vogel besitzt zudem gräulich wirkende Flügel, verursacht durch helle Ränder der Flügelfedern, und eine hell geschuppte Unterseite. Kein Zweifel, das ist eine **Ringdrossel,** gelegentlich auch Ringamsel genannt. Sie also hatte uns dieses akustische Rätsel aufgegeben.

Ihre Lebensweise entspricht ungefähr jener der weitverbreiteten Amsel (s. ab S. 133), doch brütet die Ringdrossel bevorzugt in dichten, nadelholzreichen Bergmischwäldern oder im Übergangsbereich zwischen Wald und Krummholzzone – dies nicht nur in den Alpen, sondern auch in den Hochlagen des Schwarzwaldes, des Bayerischen Waldes und sogar auf dem Brockengipfel im Harz. Nur selten und lokal legt sie ihr Nest in menschlicher Nachbarschaft an, in Parks mit großen Nadelbäumen etwa und mitunter sogar an Almhütten und anderen einzeln stehenden Gebäuden in subalpiner Landschaft. Im Sommer steigt sie auch weit hinauf in offene Zwergstrauchheiden, um sich an den hier reichlich vorhandenen Beeren gütlich zu tun. Aber offensichtlich fühlt sich »unsere« Ringdrossel auch zwischen den Latschen wohl. Da ist sie wieder – nein, ein anderes Exemplar: Dieser Vogel besitzt eine wesentlich weniger leuchtende, mehr gelblich weiße Halbmondfärbung: ein Weibchen, wohl die Partnerin des Männchens, das wir zuerst sahen. Vielleicht sind auch Jungvögel in der Nähe? Sie müssten bereits flügge sein und werden vielleicht noch von den Eltern betreut. Doch können wir keine entdecken, und auch die beiden erwachsenen Ringdrosseln bleiben im unübersichtlichen Zweiggewirr der Latschen verschwunden.

Gehen wir also weiter, die Berghütte ist bereits in der Ferne zu sehen. Zwischen den Latschen leuchten plötzlich große rote Blüten auf: Alpenrosen, da noch mehr, ein ganzes Gebüsch über und über mit Blüten überschüttet – ein wahrer Blütenrausch! »Almrausch« wird die **Rostblättrige Alpenrose** daher auch genannt. Ihr Name rührt daher, dass die grünen, ledrigen Blätter unterseits von rostbraunen Drüsenschuppen besetzt sind. Doch ist die Alpenrose botanisch keine Rose (wobei es tatsächlich auch eine Alpenheckenrose gibt), sondern gehört – leicht erkennbar an Blütenform und den immergrünen Blättern – zur sehr artenreichen Gattung *Rhododendron* und damit zu den *Ericaceen,* den Heidekrautgewächsen. Während wir noch den Almrausch bewundern, fällt uns ein Trupp kleiner Vögel auf, die zwischen den Latschen herumwuseln. Wen haben wir denn da vor uns? Gar nicht so leicht, die quirligen Vögelchen ins Blickfeld unseres Fernglases zu bekommen!

Grünerlen statt Latschen

In sehr schneereichen Lagen, etwa in tiefen Mulden schattiger Nordhänge, an denen der Schnee erst spät abtaut, können Latschen kaum gedeihen: Sie werden unter diesen Bedingungen sehr stark geschädigt durch Befall mit dem Schwarzen Schneeschimmelpilz. An solchen Orten tritt die **Grünerle,** eine Verwandte der Schwarzerle (s. ab S. 22), an die Stelle der Latschenkiefern. Normalerweise ein aufrecht wachsender kleinerer Laubbaum, zeigt die Grünerle hier eine ganz ähnliche Wuchsform wie diese, weshalb sie auch »Laub-Latsche« genannt wird.

Zur Brutzeit zeigen männliche Birkenzeisige eine intensive Rotfärbung, die den Weibchen und Jungvögeln fehlt.

Da haben wir einen erwischt: rötliche Stirn und ebenso gefärbte Brust, ansonsten bräunlich mit dunkler Strichelung – ein **Birkenzeisig.** Ein erwachsenes Männchen, den Weibchen und Jungvögeln fehlt die Rotfärbung. Vielleicht ein Elternpaar, das mit seinen flüggen Jungvögeln umherzieht. Schon sind sie wieder außer Sicht, weit hinten tanzen sie durch die Latschen und Alpenrosen. Ähnlich wie die Ringdrosseln sind auch die Birkenzeisige Charaktervögel der Übergangszone zwischen Wald und Krummholz, die gerne in den Latschen und anderen niedrigen Sträuchern brüten.

Übrigens muss man nicht erst in die Alpen fahren, um Birkenzeisige und Ringdrosseln zu sehen: Skandinavische Ringdrosseln, die einer eigenen Unterart angehören, sind regelmäßige Durchzügler auch im norddeutschen Flachland und dort auf Äckern oder in fruchttragenden Hecken zu beobachten, bevor sie im Herbst in ihre Winterquartiere im nordwestlichen Afrika weiterziehen. Entsprechend sind sie im Frühjahr auf dem Heimzug bei uns anzutreffen. Anders als etwa Wacholderdrosseln (s. S. 39) und Rotdrosseln, die in oft großen Trupps ziehen, sind Ringdrosseln meist einzeln oder in kleinen Gruppen zu sehen.

Birkenzeisige aus der nordischen Taiga treten in jährlich wechselnder Anzahl, mitunter invasionsartig, als Wintergäste in ganz Deutschland auf und halten sich dann gerne in Birkenbeständen auf, wo sie die winzigen Samen aus den Fruchtständen ernten. Nicht selten sind sie dabei mit Erlenzeisigen vergesellschaftet (s. S. 20). Erst seit Kurzem unterscheiden Vogelkundler den etwas größeren und graueren Taigabirkenzeisig und den mehr bräunlichen Alpenbirkenzeisig als eigenständige Arten. Letzterer hat in den letzten Jahrzehnten eine erstaunliche Ausbreitungsgeschichte geschrieben: Sie nahm ihren Ausgang in Großbritannien, wo die Art ebenfalls brütet. Auslöser waren dort umfangreiche Aufforstungen mit Fichten und Birken sowie gleichzeitige Küstenschutzpflanzungen mit Latschenkiefern an der deutschen und niederländischen Nordseeküste. Dies hatte einen starken Bestandsanstieg im Ursprungsland zur Folge und erschloss gleichzeitig den Vögeln neue Lebensräume außerhalb ihres bisherigen Verbreitungsareals. Mitte des 20. Jahrhunderts erschien der Alpenbirkenzeisig erstmals auf den ostfriesischen Inseln als Brutvogel. Auch die Niederlande und Belgien wurden besiedelt. Von dort aus breiteten sich die Vögel nach Nordrhein-Westfalen aus,

Lärchenzweig

wo sie bevorzugt die Mittelgebirge eroberten. Weitere Besiedlungsquellen waren offenbar die seit Mitte des vorigen Jahrhunderts stark angewachsenen Vorkommen im Erzgebirge und im Böhmerwald. Da auch in Gärten und Parks gerne Nadelgehölze aller Art und Größe, darunter auch Krüppelkiefern, gepflanzt werden und die insgesamt lockere Gehölzstruktur im Wechsel mit offenen Flächen ihrem natürlichen Lebensraum ähnelt, dringen die kleinen Vögel vielerorts auch in den Siedlungsraum vor. Bis vor Kurzem schien ihr Expansionsdrang ungebrochen, doch in jüngster Zeit hat sich der Alpenbirkenzeisig aus großen Teilen seines neu eroberten Verbreitungsgebietes in Deutschland zurückgezogen. Die Ursachen sind bislang unbekannt.

Wir aber haben jetzt endlich unser Ziel, die Berghütte, erreicht und freuen uns auf der urigen Terrasse aus grau verwittertem Lärchenholz auf ein erfrischendes Radler und einen leckeren Kaiserschmarrn. Und werden dabei Ausschau halten nach dem gefiederten König der Berge, dem Steinadler.

Lärchen, Latschen, Zirben – vielseitig verwendbar

Die noch jungen Nadelaustriebe der Lärchen lassen sich in der Küche verwenden: Sie sind von herb-säuerlichem Geschmack und geben Speisen und Desserts eine besondere Note. Aus frischen Nadeln, Zweigspitzen und Ästen von Latschen wird durch Wasserdampfdestillation das bekannte Latschenkiefernöl gewonnen. Es dient zur äußeren und inneren Anwendung zum Beispiel bei Erkältungskrankheiten. Die großen, nahrhaften und sehr fetthaltigen Nüsse der Zirbelkiefer sind nicht nur bei Tannenhähern beliebt, sondern werden auch von Menschen geschätzt und zum Backen und Kochen verwendet – ähnlich wie die Samen der mediterran verbreiteten Schirmkiefer oder Pinie, allgemein als »Pinienkerne« bekannt. Eine besondere Spezialität ist der »Zirbengeist« oder »Zirbeler«, ein hochprozentiger Schnaps, hergestellt als alkoholischer Extrakt aus den Zapfen der Zirbelkiefer. Zirbenlikör ist die mildere Variante.

Gehobelte Zirbenholz-Späne, in Kissen gefüllt, verströmen einen sehr aromatischen Duft, verursacht durch im Holz enthaltene ätherische Öle. Die über einen langen Zeitraum ausströmenden flüchtigen Öle sollen für einen besseren, gesünderen Schlaf sorgen. Schließlich wird das lebhaft gezeichnete Holz der Zirbelkiefer im Alpenraum nicht nur als Möbelholz (zum Beispiel für »Tiroler Bauernstuben«) gern genutzt, sondern auch für kunstvolle Schnitzarbeiten verwendet.

Eine Wollsocke in der Weide

Weidenaue im August **Beutelmeise**

Hochsommer. Die Sonne brennt seit Tagen vom strahlend blauen Himmel, die Temperaturen werden wohl auch heute wieder die 30-Grad-Marke knacken. Eigentlich ist es viel zu heiß, um rauszugehen, aber auch viel zu schade, um in der Wohnung zu hocken, wo es mittlerweile auch unangenehm warm ist. Also möglichst früh los, und am besten ans Wasser. Nach Baden steht uns allerdings nicht der Sinn, sondern nach einem naturkundlichen Spaziergang.

Für Vogelbeobachter ist jetzt im August allerdings keine allzu gute Zeit, das Brutgeschäft ist abgeschlossen, viele Vögel sind in der Mauser und entsprechend heimlich und stumm. Einige Zugvogelarten wie Mauersegler, Nachtschwalbe und Pirol haben ihre Brutgebiete sogar schon wieder verlassen. Nur an der Nordseeküste setzt bereits erster Zuzug von arktischen Watvögeln ein. Wir aber wollen an die Elbe, an einen Abschnitt, der noch einigermaßen naturnah ist mit gewundenen Altarmen und vom Hauptstrom abgeschnittenen Altwässern. Sie sind Ausdruck einer früheren Dynamik des Flusses, der sich bei stärkeren Hochwässern immer wieder einen neuen Lauf suchte, dabei Fluss-Schleifen abtrennte und sie zu Stillgewässern machte – für lange Zeit oder nur bis zum nächsten Hochwasser-Ereignis. An einem solchen Altwasser, in diesem Falle künstlich durch einen hohen Deich vom Hauptstrom abgeschnitten, wollen wir einige Zeit verbringen. Frösche, Libellen, Ringelnattern – irgendetwas ist hier immer zu sehen. Auch Seeadler, Kormorane und Eisvögel kommen regelmäßig hierher zum Fischen. Mit etwas Glück können wir sogar einen durchziehenden Fischadler bei der Jagd beobachten.

Das große Altwasser wirkt verwunschen, fast unberührt: Mächtige **Silberweiden** und **Bruchweiden** bilden einen sogenannten Galeriewald an seinen Ufern, einige Bäume liegen im Wasser, vom Sturm gebrochen oder vom Biber gefällt. Ein breiter Schilfgürtel säumt wasserseitig die Uferlinie, davor sieht man im offenen Wasser die großen Schwimmblätter der Teichrosen – die klassische Vegetationsabfolge der Verlandungszone. Vorsichtig bahnen wir uns einen Weg durch schlingendes Waldreben-Gewirr und durch brusthohe Brennnesseln, die schräg überhängend den kleinen Pfad versperren – ungünstig mit kurzen Hosen, aber – wie Oma früher schon immer sagte – »gut gegen Rheuma«. Wir suchen

Die Gelbe Teichrose wird auch Mummel genannt.

uns ein stilles Plätzchen auf einem kräftigen, niedrig über die Wasseroberfläche ragenden Ast einer mächtigen Silberweide und harren der Dinge, die da kommen werden oder auch nicht. Stilles Sein in der Natur ist nicht nur entspannend, sondern ermöglicht oft auch die besten Naturbeobachtungen.

Die biegsamen Äste und schmal-lanzettlich geformten Blätter der Silber- und Bruchweiden bieten Sommerhochwässern, wie sie an der Elbe und anderen großen Strömen immer wieder auftreten, nur wenig Widerstand, häufige Überschwemmungen ertragen sie problemlos. Es sind typische Gehölze der Weichholzaue (s. S. 72). Auch ihr ausgeprägtes Ausschlagvermögen ist eine Anpassung an die Herausforderungen reißender Hochwässer: Natürliches Treibgut wie Starkäste und ganze Bäume, in strengen Wintern auch scharfkantige Eisschollen können zu Stammverletzungen führen oder Äste abreißen. Solche abgerissenen Äste der Weiden vermögen sich, an offenen Uferbereichen abgelagert, schnell zu bewurzeln und einen neuen Baum zu bilden – oft weit stromabwärts vom Mutterbaum. Vor allem bei der Bruchweide ist dieses Phänomen häufig zu beobachten, ihre Äste brechen leicht und mit glatter Bruchstelle ab, daher der Name.

Flechten und Bauen mit Weiden

In früheren Zeiten waren Weidenruten ein wichtiger Rohstoff: Handwerker flochten aus ihnen beispielsweise Körbe und Sitzflächen für Stühle. Namentlich die **Korbweide** fand hierfür Verwendung. Fassreifen wurden ebenfalls aus starken, speziell behandelten Weidenruten hergestellt. Ebenso dienten Weidenflechtwerke als unverzichtbare Grundlage beim Hausbau. In die Zwischenräume der tragenden Fachwerkkonstruktion aus Eichenholz gesetzt und mit einer Mischung aus feuchtem Lehm und gehäckseltem Stroh bestrichen, dienten sie als Wandelemente mit hervorragenden baubiologischen Eigenschaften.

Die Gewinnung der benötigten Weidenruten war denkbar einfach und führte zu einer vielerorts landschaftsprägenden Wuchsform der hierfür genutzten Bäume, den Kopfweiden.

Kopfweiden lassen sich leicht selbst ziehen: Dazu werden kräftige, längere Aststücke bestimmter Weidenarten wie der Korbweide in den feuchten Boden gesteckt. Diese bewurzeln sich schnell und bilden am gesamten Stamm, ganz besonders am oberen Ende, zahlreiche Austriebe. Sobald diese Triebe die gewünschte Stärke für eine Nutzung erreicht hatten, wurden sie im Winter geschnitten und verwendet. Die Ernte erfolgte im regelmäßigen, mehrjährigen Turnus. Im Laufe der Zeit wurden die im unteren Bereich astfrei gehaltenen Stämme immer dicker, und es bildete sich ein zunehmend knollig ausgebildeter »Kopf«.

Mit dem Aufkommen von Kunststoffprodukten verlor die althergebrachte Nutzung der Weidenruten an Bedeutung und verschwand schließlich fast ganz aus dem Alltagsleben der Menschen. Die Kopfweiden wurden nicht mehr benötigt und beseitigt oder brachen unter der zunehmenden Last der nicht mehr geschnittenen Äste auseinander. Naturschützer und Landschaftspflegeverbände bemühen sich vielerorts um eine regelmäßige, fachgerechte Pflege der noch verbliebenen Kopfweiden – nicht nur zum Erhalt eines typischen, malerischen Elements der Kulturlandschaft, sondern auch aus Artenschutzgründen: Alte Kopfweiden haben an Kopf und Stamm Höhlungen und breite Risse, in denen viele Vögel brüten können – von der Meise bis zum Steinkauz. Auch zahlreiche, teils gefährdete Insekten wie Hornissen und seltene Schmetterlinge finden dort geeignete Lebensbedingungen. Neuerdings werden in zunehmendem Maße schnellwüchsige Weidenpflanzungen angelegt, die als Kurzumtriebsplantagen bewirtschaftet und in geschredderter Form zur Energiegewinnung genutzt werden. Im Gegensatz zu den Kopfweiden sind sie für den Naturschutz nahezu wertlos.

Im Garten lassen sich Weiden kreativ verwenden, zum Beispiel für den Bau eines Weidentipis oder eines Weidenkriechtunnels. Anregungen und Bauanleitungen finden sich in Büchern und im Internet, ansonsten sind der Fantasie hier kaum Grenzen gesetzt.

Wichtig ist nur, dass der Boden feucht genug ist beziehungsweise stets feucht genug gehalten wird, damit die Weidenstecklinge gut anwurzeln können. Erforderlich ist auch ein regelmäßiger Pflegeschnitt oder das sorgfältige Einflechten der Jahrestriebe in die Weidenholzkonstruktion. So entsteht schon bald ein grüner, blickdichter Rückzugsort oder ein interessantes Spielelement für Kinder. Auf die gleiche Weise lassen sich mit eingepflanzten und miteinander verflochtenen Weidentrieben »lebende Zäune« herstellen.

Insgesamt ist die Gattung der Weiden *(Salix)* äußerst formenreich: Allein in Mitteleuropa wachsen rund 50 Arten, mehr als 20 Meter hohe Bäume ebenso wie breitbuschige Sträucher und Kriechformen, und allesamt oft nicht leicht zu bestimmen, da viele Weidenarten untereinander bastardieren. Es sind Pionierpflanzen, deren Samen vom Wind verbreitet werden und auf offenen, feuchten Böden massenhaft keimen können. Auf die Auen sind sie nicht unbedingt angewiesen: Viele von ihnen wachsen ebenso gut an Grabenrändern, Teichufern und an aufgelassenen Bodenabbau-Stellen. Wegen ihrer besonderen Eigenschaften werden Weiden häufig auch als natürlicher Erosionsschutz von Uferbereichen und abrutschgefährdeten Hängen gepflanzt.

So sitzen wir auf unserem Weidenast, lassen unseren Gedanken freien Lauf und unsere Blicke entspannt und ohne Ziel umherschweifen. Leichter Wind kommt auf und schenkt angenehme Kühle. Bewegt sich da nicht etwas im Baum, rechts von uns? Tatsächlich: Nicht weit entfernt und etwa drei Meter über dem Wasser baumelt etwas Eigenartiges im überhängenden Weidengezweig und schaukelt in der Brise. Was ist das? Eine alte, graue Wollsocke? Wohl kaum, denn hier, hinter dem Deich, gibt es kein Hochwasser, das solches Treibgut in die Bäume spülen könnte. Der Blick durchs Fernglas bestätigt unsere Vermutung: Es ist das Nest einer **Beutelmeise!** Tatsächlich ein rundum geschlossener, dickwandiger Beutel mit einer langgezogenen, seitlichen Einflugröhre im oberen Bereich, frei hängend und sorgfältig zwischen eine Zweiggabelung im äußersten Kronenbereich geflochten – ähnlich wie bei manchen Arten der afrikanischen Webervögel, aber in der heimischen Vogelwelt eine einmalige Konstruktion.

So fest gewebt ist dieses Beutelnest aus feinen Pflanzenfasern und Pflanzenwolle, dass es in manchen Regionen sogar als warme, weiche Fußbekleidung für Kinder genutzt wurde. »Pflanzenwolle« – das sind die mit langen, weißgrauen

Härchen dicht besetzten winzigen Samen der Weiden und Pappeln, die nach der Samenreife im Sommer wie Wattebäusche durch die Luft fliegen und auf diese Weise vom Wind weit verbreitet werden (s. auch S. 139). Ein kunstvoller Bau, der in mehreren Zwischenstufen erfolgt und im Schnitt drei Wochen in Anspruch nimmt. Vom Baumeister selbst ist nichts zu sehen, wahrscheinlich ist die Brut bereits ausgeflogen. Die Vögel halten sich zu dieser Zeit bevorzugt im Röhricht aus Schilf und Rohrkolben auf, wenn sie denn noch in der Nähe sind.

Das Verhalten der Beutelmeisen zur Brutzeit ist komplex, ihr Leben und Treiben folgt – vermenschlichend ausgedrückt – dem Motto »alles kann, nichts muss«. Aus Sicht eines Männchens stellt es sich in etwa so dar: Im passenden Lebensraum – das können lichte Auwälder ebenso sein wie Verlandungszonen, Fischteiche oder Grabenränder mit entsprechendem Bewuchs mit Weiden oder Birken – siedelt es sich bevorzugt an Stellen mit bereits vorhandenen Beutelnestern oder deren Resten an. Auf diese Weise können dort, wo viele Beutelmeisen leben, lockere Kolonien entstehen. Nicht selten findet man ihre Nester über viele Jahre

Meise oder nicht Meise?

Die **Beutelmeise** gehört trotz ihres Namens nicht zur Vogelfamilie der Meisen *(Paridae)* – genauso wenig wie die **Schwanzmeise** und die **Bartmeise.** Alle drei bilden eigenständige Familien, die in Europa jeweils nur mit einer Art vertreten sind. Mit den allseits bekannten **Kohlmeisen** und **Blaumeisen** sind sie also nicht näher verwandt.

Auch die Angehörigen der Meisen-Familie stehen sich untereinander nicht so nahe wie lange geglaubt: Nach neueren Untersuchungen ihres Erbguts stellen Vogelforscher die sechs heimischen Arten aktuell in fünf verschiedene Gattungen. Zu den Meisen gehört auch die weniger bekannte **Weidenmeise,** die mit der **Sumpfmeise** in einer Gattung vereinigt ist. Beide sind sogenannte »Zwillingsarten«, die sich optisch sehr ähnlich sehen, in ihren Lautäußerungen aber deutlich unterscheiden. Wie alle Meisen brütet auch die Weidenmeise in Baumhöhlen, die sie im Gegensatz zu fast all ihren Verwandten (mit Ausnahme der **Haubenmeise,** wie die **Tannenmeise** eine Bewohnerin des Nadelwaldes) jedoch am liebsten wie ein Specht selbst ausmeißelt. Dafür sind morsche Stellen im weichen Holz von Moorbirken, Weiden und Pappeln am besten geeignet. Deshalb findet man die Weidenmeise vor allem in älteren Beständen dieser Bäume und damit potentiell im selben Lebensraum wie die Beutelmeise.

Eine männliche Beutelmeise baut am halbfertigen Nest im Henkelkorbstadium.

in einem ganz bestimmten Baum, obwohl nebenstehende Bäume nach menschlichem Ermessen ebenso gut geeignet wären.

Vorjährige Nestbeutel oder frisch im Bau befindliche Konstruktionen dienen als »Signalnester«. Tatsächlich lassen sich umherstreifende Beutelmeisen-Männchen bei ansonsten passenden Bedingungen auch mit in die Bäume gehängten Wollsocken und sogar Wattebäuschen anlocken. Zudem dienen alte Nester wie auch »Neubauten« als gern genutzte Quelle für Nistmaterial – was im Zweifel für heftige Streitigkeiten unter benachbarten Bauherren sorgt. Verteidigt wird allerdings nur das eigene Nest, kein ausgedehntes Brutrevier, ganz ähnlich wie bei Spatzen und Schwalben. Ein Männchen baut, sofern noch ohne Weibchen, zunächst keinen fertigen Nestbeutel, sondern stoppt den Bau im sogenannten Henkelkorb-Stadium. Findet sich kein Weibchen ein oder kann sich dieses nicht für Mann oder Henkelkorb erwärmen (für Letzteren sind Ringlänge und Dicke des Nestbodens wichtige Qualitätsmerkmale), sucht das Männchen in der näheren Umgebung nach weiteren Beutelmeisen-Damen. Falls es dort nicht fündig wird, verlässt es das halbfertige Nest, um woanders sein Glück zu versuchen – mitunter Dutzende oder gar Hunderte Kilometer entfernt! Hat es jedoch eine Partnerin gefunden, so bauen beide (mit wechselndem Eifer) das Nest gemeinsam fertig, und das Weibchen legt sechs bis acht, manchmal sogar bis zu zehn Eier hinein.

So weit, so normal. Doch das weitere Geschehen ist es nicht: Einer der Partner macht sich anschließend aus dem Staub. Falls sich das Weibchen (in der Mehrzahl der Fälle) zum Brutgeschäft entschließt, verschwindet das Männchen noch vor dem Schlupf der Jungen, baut in der Nähe oder auch weit entfernt ein weiteres Nest oder auch mehrere Nester, sucht ein neues oder nacheinander mehrere weitere Weibchen oder erklärt das Brutgeschäft für dieses Jahr für beendet. Nicht selten verlässt aber auch der weibliche Vogel das Gelege und überlässt das

Die Waldrebe ist eine heimische Liane.

Brutgeschäft komplett dem Vater. »Sie« lässt sich anschließend nacheinander mit weiteren Beutelmeisen-Herren ein und kann dazu weit abwandern, oder sie beschließt ebenfalls für sich das Ende der aktuellen Brutsaison. »Sukzessive Polygamie« nennen Fachleute ein solches Verhalten. Im Laufe einer Saison kann mal das Männchen und in anderer Konstellation das Weibchen die Jungen aufziehen. Auf diese Weise erzeugen Beutelmeisen reichlich Nachwuchs – auch wenn es gelegentlich vorkommen mag, dass sich beide Eltern die Verantwortung für das anstrengende Brutgeschäft vergeblich zuschieben und die Eier in diesem Fall nicht ausgebrütet werden.

In geeigneten Lebensräumen sind die zierlichen Beutelmeisen mit der charakteristischen schwarzen Augenbinde zwar durchaus regelmäßig anzutreffen, aber dennoch nicht überall: Die Art ist vor allem in den östlichen Teilen Deutschlands und in Osteuropa verbreitet. Ab Mitte der 1970er-Jahre dehnte sie ihr Verbreitungsgebiet jedoch deutlich nach Westen aus, wo es anschließend zu einem starken Bestandsanstieg kam. Ab den 1990er-Jahren kehrte sich diese Entwicklung wieder um, inzwischen hat die Beutelmeise viele westliche Landstriche wieder geräumt, sie gilt neuerdings in Deutschland sogar als vom Aussterben bedroht. Die Ursachen für diese Arealveränderungen, die auch bei anderen Vogelarten gerade an den Grenzen ihres Verbreitungsgebietes immer wieder auftreten, sind komplex. Im Falle der Beutelmeise vermuten Vogelforscher neben klimatischen Ursachen auch Veränderungen des Nahrungsangebots. So hatte in den 1970er-Jahren ein erhöhter Nährstoffeintrag in die Gewässer (Eutrophierung) eine massive Zunahme einer bestimmten Blattlaus-Art zur Folge, die an Schilfpflanzen saugt und eine wichtige Nahrungsquelle für die Beutelmeise ist. Auch die zunehmende Bereitschaft der Vögel, von Menschenhand geschaffene oder zumindest stark beeinflusste Habitate zu besiedeln, etwa Fischteiche, Abgrabungsgewässer oder verbuschte Feuchtgebiete mit entsprechender Gehölz- und Röhrichtvegetation, dürfte in Verbindung mit einer hohen Vermehrungsrate und vielleicht zeitweilig geringeren Verlusten auf den Zugwegen und im Winterquartier eine wichtige Rolle gespielt haben. Mit der Verbesserung der Wasserqualität ging jedoch auch die Zahl der Blattläuse wieder zurück, in vielen neu besiedelten Regionen (vor allem im Nordwesten) war in den letzten Jahrzehnten zudem eine Tendenz zu kühlen, feuchten Sommern zu verzeichnen. Entsprechend sank die Überlebensrate der Jungvögel, möglicherweise auch in ursprünglichen Optimalhabitaten wie den Flussauen, die zudem durch menschliche Eingriffe zunehmend verloren gingen, sodass es inzwischen an Zuzug von umherstreifenden Beutelmeisen mangelt.

Doch hier, an diesem von alten Baumweiden bestandenen Altwasser der Elbe, kommt der Vogel ganz offensichtlich noch vor, das zeigt der Fund eines Nestes. Es wäre doch zu schön, die Beutelmeise selbst auch einmal zu Gesicht zu bekommen. Vielleicht antwortet eine auf die Imitation ihres Kontaktrufes, ein sehr feines, hochtoniges »tsiiüh«? Tatsächlich – nach mehrmaliger Wiederholung (in diesem Falle unproblematisch, weil die Vögel kein Revier verteidigen und nach der Brutzeit gesellig leben, s. dazu auch S. 16) ertönt ein entsprechender Laut aus dem Röhricht. Das könnte allerdings auch eine Rohrammer sein, die ähnlich ruft. Der Rufer müsste sich mal zeigen, um ganz sicher sein zu können. Da – eine Bewegung im Schilf – ein Vogel, kleiner noch als eine Blaumeise, nur ganz kurz und flüchtig zu erspähen, doch eindeutig keine Rohrammer. Aber auch ohne die typische schwarze Augenbinde der Beutelmeise. Zu klein für einen Teichrohrsänger, vielleicht ein Zilpzalp oder ein anderer Laubsänger, der sich ins Röhricht verirrt hat?

»Komm, Vögelchen, zeig' dich noch mal, bitte – wenigstens kurz!« Minuten vergehen. Dann ist der Vogel wieder da und turnt jetzt im kolbenförmigen Fruchtstand eines Rohrkolbens herum. Wer ist das? Kein Zilpzalp, nicht gelbgrünlich, sondern mit gelblich brauner Oberseite – eine junge Bartmeise? Diese sollte aber eigentlich einen deutlich längeren Schwanz und eine kontrastreichere Flügelzeichnung haben. Hmm ... Das Vögelchen bewegt sich ganz offen auf dem Rohrkolben und pickt hie und da etwas auf. Und da kommt noch eines hinzugeflogen! Das sind – ja, das sind tatsächlich junge Beutelmeisen, denen noch der graue Kopf und die schwarze Augenmaske der Altvögel fehlen. Vielleicht vor Kurzem erst aus dem Nest ausgeflogen, das wir zufällig fanden. Wie schön! In wenigen Wochen schon werden sie sich wie ihre Eltern auf den Weg ans Mittelmeer machen, um dort den Winter zu verbringen. Und wenn im nächsten Frühjahr die Weidenkätzchen blühen, werden sie hoffentlich zurückkehren in diese Wildnis aus Wasser, Weiden und Schilf und mindestens eine weitere »Wollsocke« in die Zweige weben.

Andere Vögel – andere Nester

So verschieden die einzelnen Vogelarten sind, so unterschiedlich sind oft auch ihre Nester. Einige Beispiele aus der heimischen Vogelwelt mögen dies verdeutlichen:

Bodenbrüter wie **Hühnervögel, Enten, Regenpfeifer** und **Möwen** legen ihre oft tarnfarbig gesprenkelten Eier in eine kunstlose Bodenmulde, entweder gänzlich ohne Nistmaterial oder wie bei den Enten mit einer Unterlage aus ausgerupften Dunenfedern des Bauchgefieders. **Haubentaucher** türmen verrottendes Pflanzenmaterial im Flachwasser zu schwimmenden Inseln auf, die meist an festen Strukturen verankert werden, sodass sie nicht wegdriften und kentern.

Oftmals wenig Mühe machen sich viele Höhlenbrüter, die entweder gar kein Nistmaterial verwenden **(Waldkauz)** oder den Nistboden mit Rindenstückchen **(Kleiber)** oder losgehackten Holzspänen **(Spechte)** bedecken. **Spatzen** und **Stare** tragen viel Nistmaterial wie Halme, Blätter, Moos und Federn in eine Naturhöhle oder einen Nistkasten ein, bauen daraus aber anders als etwa **Meisen** und **Fliegenschnäpper** kein akkurates Nest.

Am meisten Mühe mit dem Nestbau geben sich die Freibrüter. **Grasmücken** und **Finken** fertigen aus Pflanzenmaterialien kunstvolle Näpfe, die mit Federn, Tierhaaren und Moos weich ausgepolstert werden. **Drosseln** befestigen den Bau zusätzlich mit einer Lehmschicht. Der **Zaunkönig** und die **Schwanzmeise** konstruieren aufwendig gearbeitete geschlossene Nester mit einem kleinen Einschlupfloch im oberen Bereich (Backofennester), die im Falle der Schwanzmeise kunstvoll und stabil zwischen die tragenden Äste gewebt und mit Flechten getarnt werden.

Die aus gröberen Reisern gebauten plattformartigen Nester der **Ringeltauben** wirken dagegen so liederlich, dass man von unten die Eier durchscheinen sieht. Zu oft mächtigen, zentnerschweren Bauwerken aus starken Ästen und Zweigen werden die über Jahre genutzten und immer wieder aufgestockten Horste von **Störchen** und großen **Greifvögeln.**

Eine spezielle Nestbautechnik haben **Rauchschwalben** und **Mehlschwalben,** die ihre an Wänden hängenden Nester aus eingespeicheltem, feuchtem Lehm bauen. **Uferschwalben, Eisvögel** und **Bienenfresser** wiederum sind Erdarbeiter, die in lehmige Steilwände teils meterlange Stollen graben, die am Ende zu einer geräumigen Brutkammer führen.

Ein Mönch in der Naturapotheke

Waldrand im September **Mönchsgrasmücke**

An einem frühen Morgen Anfang September führt uns unser Weg an einem Waldrand entlang. In den Sträuchern, die den Wald wie ein Saum begrenzen, hat nächtlicher Taufall die zahlreichen Spinnennetze mit feinen Tropfen benetzt. Filigrane Kunstwerke, wie hineingewebt zwischen die Zweige – gut sichtbare Zeichen des Altweibersommers. (Der Begriff hat übrigens nichts mit älteren Damen zu tun, sondern mit dem alten Begriff »weiben« für »weben«.) Auch die Früchte der verschiedenen Strauchgehölze fallen ins Auge: leuchtend rote Hagebutten an den sperrigen Ranken der wilden Heckenrosen, die orangeroten Beeren der Vogelbeere oder Eberesche, Brombeeren und die bereits saftig schwarzen, schweren Fruchtdolden des **Holunders.**

Rasch ein paar Brombeeren als kleine Köstlichkeit gepflückt und in den Mund gesteckt – da bemerken wir aus dem Augenwinkel nur wenige Meter entfernt im Holunderstrauch eine Bewegung. Ein graues Etwas hüpft und flattert dort herum, meist halb verborgen hinter den großen, gefiederten Blättern. Ein Vogel, so viel ist klar. Nur welcher? Und was macht er da? Plötzlich sitzt er ganz frei und widmet

Wie die Mönchsgrasmücke zu ihrem Namen kam

Grasmücke ist zweifellos ein seltsamer Name für einen Singvogel, denn mit Gras hat sie ebenso wenig zu tun wie mit lästigen Stechinsekten. Tatsächlich ist diese Bezeichnung aus dem mittelhochdeutschen »gra smücke« (Letzteres auch in den Versionen »smucka« oder »smiege«) abgeleitet, was mit »Grauer Schlüpfer« zu übersetzen ist – also ein kleiner grauer Vogel, der durch dichtes Strauchwerk schlüpft.

Diese Bezeichnung charakterisiert das Aussehen und die Lebensweise der Mönchsgrasmücke sehr treffend. Die schwarze oder braune Kopfkappe dieser häufigsten Vertreterin der fünf bei uns einheimischen Grasmückenarten erinnert an die Kopfbedeckung von Mönchen – daher der deutsche Name. Die wissenschaftliche Bezeichnung der Mönchsgrasmücke »Sylvia atricapilla« bedeutet frei übersetzt »Schwarzhaarige Waldbewohnerin«.

Das Männchen der Mönchsgrasmücke ist an seiner schwarzen Kopfplatte zu erkennen.

sich hingebungsvoll den Holunderbeeren. Eine nach der anderen verschwindet in seinem Schnabel. Wir erkennen, dass der ansonsten unscheinbar graue Vogel eine schwarze Kopfkappe trägt. Da kommen nicht viele Vogelarten in Frage: Die nur schwer voneinander zu unterscheidenden Zwillingsarten Sumpfmeise und Weidenmeise zum Beispiel (s. S. 108). Doch diese sollten helle Wangen und einen schwarzen Kehllatz haben – Kennzeichen, die »unserem« Vogel fehlen. Er ist außerdem deutlich schlanker, langgestreckter und etwas größer als die genannten Meisen. Ganz eindeutig: Wir haben eine **Mönchsgrasmücke** vor uns, bei Vogelbeobachtern auch kurz »Mönch« genannt, und zwar ein erwachsenes Männchen. Das immerhin ist leicht zu erkennen, denn die Weibchen und Jungvögel beiderlei Geschlechts tragen eine braune Kopfkappe.

Ihr spitzer Schnabel weist die Mönchsgrasmücke als Insektenfresserin aus. Ab dem Spätsommer erweitert sie ihren Speisezettel zunehmend um Beerenkost. Allein in Mitteleuropa wurden die Früchte von mehr als 60 verschiedenen Gehölzarten als Nahrung der Mönchsgrasmücke nachgewiesen. Neben den Grasmücken erweisen sich auch viele andere Vogelarten als Fruchtliebhaber, darunter Laubsänger, Stare, Drosseln, Seidenschwänze, auch Tauben und Rabenvögel. Finken ernten vor allem die Samen aus den Früchten. Besonders begehrt sind Vogelbeere und Schwarzer Holunder, deren Beeren bei jeweils mehr als 60 Vogelarten sehr begehrt sind und bereits im Spätsommer häufig komplett abgefressen werden. (Wild-)Kirschen und Rote Johannisbeeren stehen auf der Hitliste der Vogelnährgehölze ebenfalls ganz oben, ebenso Faulbaum, Felsenbirne, Hartriegel, Himbeere,

Beeren machen Zugvögel fett und fit

Bis vor wenigen Jahren waren Wissenschaftler davon ausgegangen, dass Früchte und Beeren für die Vögel ausschließlich leckeres Naschwerk seien, denn sie enthalten nur wenig Energie und Nährstoffe. Tatsächlich verloren Vögel im Experiment massiv an Gewicht, wenn sie ausschließlich mit Beerenkost gefüttert wurden. Das gilt allerdings nicht im Spätsommer: Inzwischen weiß man, dass insbesondere die Beeren des Schwarzen Holunders für Zugvögel unverzichtbar sind, um sich genügend Fettreserven für den Energie zehrenden Flug in den Süden anzufuttern.

Insektenfresser stellen im Sommer ihre Nahrung auf Beerenkost um (Frugivorie). Diese Umstellung folgt einem inneren (endogenen) Rhythmus und ist unabhängig vom tatsächlich vorhandenen Angebot an Beeren oder Insekten. Langstreckenzieher wie die in dieser Hinsicht besonders gut untersuchte **Gartengrasmücke,** eine nahe Verwandte der Mönchsgrasmücke, verdoppeln als Vorbereitung für den Vogelzug ihr normales Körpergewicht von durchschnittlich 16 bis 18 Gramm innerhalb kurzer Zeit durch den Aufbau von Fettreserven. Diese Depotfettbildung ist durch Insektenkost allein nicht möglich, wohl aber durch den Verzehr bestimmter Beeren oder eine Mischkost aus Beeren und Insekten.

Nicht alle Beeren sind für den Aufbau des Depotfetts geeignet. Entscheidend ist nicht deren Zuckergehalt, sondern der Gehalt an ungesättigten Fettsäuren und sekundären Pflanzenstoffen. Letztere bewirken auf noch ungeklärte Weise eine Umstellung in der Nahrungsverwertung, besonders der Verwertung ungesättigter Fettsäuren für den Aufbau von Depotfett, verbunden mit einer erhöhten Nahrungsaufnahme (Hyperphagie). Vögel bevorzugen stets diejenigen Früchte, die fett machen. Die Auswahl kann selbst bei nah verwandten Vogelarten teilweise unterschiedlich sein, die Fruchtreife verschiedener Sträucher ist eng mit der Jahresrhythmik einzelner Vogelarten korreliert. Menschen werden durch den Verzehr von Beeren hingegen niemals übergewichtig.

Die Früchte der Vogelbeere oder Eberesche sind bei Vögeln äußerst beliebt.

Wildrosen oder Weißdorn. Exotische Sträucher, selbst die nahen Verwandten der bei uns wildwachsenden Arten, sind dagegen oft weit weniger beliebt. Viele häufig in unseren Gärten und Parks gepflanzte Ziersträucher wie Forsythien und Rhododendren sind für hungrige Schnäbel sogar vollkommen wertlos, sie setzen hierzulande keine nahrhaften Früchte an.

Die Früchte des Schwarzen Holunders, besonders in Norddeutschland auch als Fliederbeeren bekannt (nicht zu verwechseln mit dem Echten Flieder, einem ursprünglich aus Südosteuropa stammenden Zierstrauch), sind nicht nur bei Vögeln beliebt: Sie lassen sich im Haushalt vielfältig verwenden – als Heilmittel oder in der Küche. Botanisch korrekt handelt es sich bei den »Beeren« des Holunders um kleine Steinfrüchte, ähnlich wie bei der Kirsche. Unreife (grüne) Früchte sind giftig, doch auch reife Fliederbeeren, blauschwarz glänzend mit dunkelroten Fruchtstielen, können, in größerer Menge roh genossen, beim Menschen zu Übelkeit und Erbrechen, zu Bauchkrämpfen bis zu starkem Durchfall führen. Die diesbezüglichen Angaben in der Literatur sind allerdings nicht einheitlich. Dennoch sollte man die Früchte des Schwarzen Holunders vor der Zubereitung gut erhitzen, um die enthaltenen Giftstoffe zu zerstören. Das gilt in jedem Falle auch für die roten Beeren des verwandten Traubenholunders, wegen seines vom Wild geschätzten Laubes auch Hirschholunder genannt. Er spielt allerdings keine annähernd so wichtige Rolle für den Menschen wie der Schwarze Holunder und ist im Sinne des Wortes mit Vorsicht zu genießen.

Heißer Fliederbeersaft mit Zitrone – nach Wunsch mit einem Schuss Rum versetzt als Fliedergrog – ist ein klassisches Hausmittel bei Erkältungen, ebenso Holunderblütentee. Ihre Wirksamkeit gegen grippale Infekte wurde durch wissenschaftliche Studien belegt. Auch bei anderen Wehwehchen wurden und werden Teile des Holunders (neben Blüten und Früchten auch Rinde und Blätter) in speziell zubereiteter Form eingesetzt, zum Beispiel bei Nieren- und Blasenleiden, Magenbeschwerden oder bei rheumatischen Erkrankungen. Insbesondere die Früchte enthalten reichlich Vitamin C, ätherische Öle (auch in den Blüten) sowie eine Reihe weiterer Inhaltsstoffe (wie Glycoside). Dieser Cocktail hat verschiedene positive Effekte auf den Körper: Er wirkt schleimlösend und stärkt das Immunsystem. Er hemmt Entzündungen und hat dadurch einen schmerzstillenden und fiebersenkenden Effekt. Sogar eine antioxidative Wirkung, die die Zellen vor freien Radikalen schützt, wurde nachgewiesen. Wegen dieser vielfältigen Heilwirkungen – unseren Vorfahren als überliefertes Erfahrungswissen vertraut – galt der Schwarze Holunder früher als »Apotheke des Kleinen Mannes«.

Aus seinen Früchten und Blüten wie auch aus denen anderer heimischer Heckensträucher lassen sich zudem zahlreiche Köstlichkeiten zubereiten.

Noch aus einem anderen Grund stand der Schwarze Holunder früher hoch im Kurs: In vorchristlicher Zeit galt er als Wohnsitz der Göttin Holda, die den Menschen für gewöhnlich mild und freundlich gesonnen war, sie von Krankheiten heilen konnte und auch das Leben von Tieren und Pflanzen beschützte. Sie war das Vorbild für das Märchen von der »Frau Holle«. Es hieß, man solle vor dem Holunder den Hut ziehen, und ihn zu roden oder auch nur zu beschädigen, brachte Unglück, ja stand verbreitet unter Strafe. Der Respekt vor diesem Strauch blieb in ländlichen Gegenden bis in die Neuzeit erhalten. Noch heute trägt der Schwarze Holunder vielerorts den Namen »Hollerstrauch« oder kurz »Holler« (auch »Holder«) und war ein treuer Begleiter jedes Bauerngehöfts.

Dafür gibt es allerdings auch eine nüchterne wissenschaftliche Erklärung: Er liebt ausreichend feuchten, stickstoffreichen Boden – und auf Bauernhöfen sorgten freilaufende Kühe, Schafe und anderes Vieh durch ihre Hinterlassenschaften für eine stete Düngung und somit für perfekte Bedingungen für diesen Wohnort guter Mächte. Wegen des unangenehm strengen Geruchs seiner Blätter wurde

Schwarze Holunderbeeren sind insbesondere für viele Zugvögel unverzichtbar.

der Holunder auch nicht vom Vieh verbissen und konnte sich vielfach zu eindrucksvoll knorrigen Gestalten mit grauer, stark zerfurchter Rinde auswachsen. Er kann hundert Jahre alt und bis über zehn Meter hoch werden. Meistens bleibt der Strauch jedoch deutlich kleiner. Zur Blütezeit ab Ende Mai fällt er durch seine großen, cremeweißen bis leicht gelblichen Blütendolden auf, die weithin leuchten und einen intensiven, fruchtig süßen Duft verströmen. Auch in Hecken und an Waldrändern kommt der Schwarze Holunder regelmäßig vor und zählt zu den häufigsten heimischen Gehölzen überhaupt. Denn seine Samen werden von Vögeln verbreitet und die wiederum lieben bekanntlich seine Früchte. So wie »unsere« Mönchsgrasmücke, die sich durch den Verzehr der saftigen Fliederbeeren gerade ein Fettpolster für den anstrengenden Flug in den Süden anfuttert.

Normalerweise verbringen diese Vögel die kalte Jahreszeit im Mittelmeerraum. Immer öfter jedoch versuchen Kurzstreckenzieher wie die Mönchsgrasmücke, aber zum Beispiel auch Stare, Singdrosseln oder Bachstelzen, in unseren Gefilden zu überwintern – nicht selten erfolgreich. Obwohl das Zugverhalten genetisch gesteuert wird, reagieren sie ganz offensichtlich auf die zunehmend milderen Winter im Zuge des Klimawandels. Aus Zugvögeln werden mehr und mehr Standvögel, und dies in verblüffender Geschwindigkeit: Wissenschaftler an der Vogelwarte Radolfzell des Max-Planck-Instituts für Ornithologie konnten nachweisen, dass eine reine Zugvogelpopulation der Mönchsgrasmücke bei streng gerichteter Selektion theoretisch in nur 25 Generationen oder 40 Jahren zu Standvögeln werden könnte – um ein Vielfaches schneller, als die Forscher es je für möglich gehalten hatten. Diese Vögel sind also grundsätzlich in der Lage, auf klimatische Veränderungen sehr schnell zu reagieren.

Die Mönchsgrasmücke gehört bislang zu den Gewinnern des Klimawandels, ihr Bestand hat in den letzten Jahrzehnten stark zugenommen. Ursprünglich in feuchten, unterholzreichen Laub- und Mischwäldern zuhause, ist sie mittlerweile selbst in Großstädten heimisch geworden und besiedelt Parkanlagen und Gärten, sofern sie genügend Deckung und ein ausreichendes Nahrungsangebot findet. So werden wir auch zukünftig reichlich Gelegenheit haben, diesen Vogel bei der Beerenernte im Holunder zu beobachten.

Faszination Vogelzug

Der Vogelzug gehört zu den faszinierendsten Naturphänomenen überhaupt, und längst sind noch nicht alle damit verbundenen Rätsel gelöst. Gerade für die Langstreckenzieher unter den Zugvögeln, die im tropischen Afrika südlich der Sahara überwintern, sind die Anstrengungen enorm: Sie überqueren Meere und Wüsten und trotzen dabei Wind, Wetter und natürlichen Feinden. Ihre Flugleistungen sind unglaublich: Manche **Steinschmätzer** etwa, spatzengroße Singvögel, legen zwischen Brutgebiet und Winterquartier Entfernungen von bis zu 15 000 Kilometer (pro Strecke!) zurück und benötigen dafür nur zwei bis drei Monate. Weltrekordhalterin im Nonstop-Flug ist eine **Pfuhlschnepfe:** Ein Exemplar, das mit einem Satellitensender ausgestattet war, flog in neun Tagen (exakt 224 Stunden) von Alaska quer über den Pazifik bis nach Neuseeland – eine Strecke von rund 12 200 Kilometern!

Auch das Orientierungsvermögen der Zugvögel ist erstaunlich: Sie sind in der Lage, nach dem Sonnenstand, bei Nacht nach dem Stand der Gestirne und sogar nach dem Magnetfeld der Erde zu navigieren, einige Meeresvögel wohl auch mithilfe ihres Geruchssinnes. Erfahrene Vögel, die im Experiment weit vom Kurs abgebracht wurden, schafften es, trotzdem den richtigen Weg zu finden – wie ihr Gehirn diese Leistung bewältigt, ist bislang nicht bekannt.

Hecken schmecken!

Verwendung heimischer Heckensträucher für die Küche (Auswahl): Soweit nichts anderes angegeben, werden jeweils die Früchte verarbeitet. Viele Wildfrüchte lassen sich gut untereinander und mit Äpfeln, Birnen oder Quitten kombinieren.

Schwarzer Holunder	Saft, Wein, Gelee, Kaltschale (»Fliederbeersuppe«)
Schwarzer Holunder (Blüten)	Pfannkuchen, Sekt, Limonade, Dessert
Schlehe	Saft, Sirup, Likör, Wein, Marmelade
Berberitze	Saft, Likör, Pudding, Marmelade
Hasel	Nüsse, fein gehackt für (Pfann-)Kuchen, Nussmus
Wildrosen	Marmelade, Kaltschale, Wein, Likör, Tee
Vogelbeere, Eberesche	Gelee, Mus, Chutney, Likör, Wein
Kornelkirsche	Konfitüre, Saft, Gelee, Likör
Weißdorn	Marmelade, Gelee (vor allem in Kombination mit anderen Früchten)
Weißdorn (Blüten)	Gelee, Likör
Sanddorn	Marmelade, Likör, Saft, Gelee
Brombeeren	Saft, Gelee, Likör, Wein, ganze Früchte
Himbeere	Saft, Gelee, Likör, Wein, ganze Früchte

Schlehenfrüchte sind erst nach dem ersten Frost genießbar.

Förster und Wächter des Waldes

Eichenwald im Oktober **Eichelhäher**

Es ist Anfang Oktober. Seit Tagen schon beobachten wir immer wieder mittelgroße Vögel, die an unserem Fenster vorbei in eine bestimmte Richtung und wieder zurück fliegen. Ihr weißer Bürzel, der sich kontrastreich vom schwarzen Schwanz abhebt, das himmelblaue, fein dunkelgemusterte Flügelfeld und ihr etwas unbeholfen wirkender Flug mit unregelmäßig flatternden, träge wirkenden Flügelschlägen verraten uns, dass es sich um **Eichelhäher** handelt. Oktober ist Erntezeit, und das gilt auch für die bunten Verwandten von Elster, Dohle, Krähen und Raben. Die Vögel sind bekannt dafür, dass sie jetzt im Herbst Nahrungsdepots für den Winter anlegen. Schauen wir doch einmal nach, was die Häher so treiben, und wohin es sie zieht.

Wir folgen ihnen in die Richtung, in der wir sie fliegen sahen, und gelangen nach etwa zwei Kilometern an den Rand eines Eichen-Mischwaldes. Ein kurzer Blick auf den Waldboden genügt: Dort liegen jede Menge Eicheln verstreut, die Leibspeise der Eichelhäher, der sie ihren Namen verdanken. Hier also bedienen sich die Vögel. Wir gehen hinter einem dichten Hainbuchengebüsch in Deckung, um die äußerst vorsichtigen und wachsamen Häher nicht zu verschrecken und sie vielleicht bei ihrem Tun beobachten zu können. Nach wenigen Minuten landet tatsächlich einer nur etwa zehn Meter vor unserem Versteck am Boden, weitere Artgenossen scheinen in den Baumkronen herumzuturnen. Aufmerksam prüft der Vogel die Umgebung – er scheint uns nicht zu bemerken. Blitzschnell stößt sein Schnabel in das Laub, wieder und wieder. Mehr können wir trotz Fernglas nicht erkennen. Doch jetzt hält er eine Eichel im Schnabel und »kaut« – das ist jetzt deutlich zu sehen – mehrfach darauf herum, nur um die Frucht schließlich fallenzulassen. Eine andere wird dagegen nach kurzem »Bisstest« verschluckt.

»Unser« Häher scheint wählerisch zu sein. Dass dies für Eichelhäher bei der Eichelernte generell gilt, zeigten Versuche am Futterplatz mit ungeöffneten Erdnüssen sowie Videoaufnahmen sammelnder Vögel: Ungeklärt ist bislang, ob der Vogel seine Entscheidung für oder wider eine angebotene Erdnuss in erster Linie anhand eines bestimmten Kriteriums wie Größe, Form, Farbe, Gewicht, einer Kombination aus den genannten oder weiterer Eigenschaften trifft. Nachweisen konnten Wissenschaftler jedoch, dass die schmal-längliche Form der Früchte unserer heimischen Eichen-Arten, ganz besonders die der Stieleiche (s. S. 73), das Ergebnis einer vieltausendjährigen Koevolution zwischen Eiche und Eichelhäher ist: Diese Früchte kann der Eichelhäher viel besser schlucken und zu mehreren platzsparend in seinem Kropf unterbringen als die rundlichen Eicheln der als Forstbaum aus Nordamerika eingeführten Roteiche. Roteicheln werden daher vom Eichelhäher weitgehend verschmäht, solange er ein ausreichendes Angebot an Alternativen findet – neben Eicheln vor allem Bucheckern und Haselnüsse.

Die Form der Eichel entstand durch gezielte Auslese seitens des Eichelhähers und seitens der Eiche, die eine entsprechende Anpassung sowohl des Vogels als auch des Baumes bewirkt. Noch aus einem anderen Grund werden die Roteicheln verschmäht: Zwar sind sie fettreicher und damit prinzipiell nahrhafter als die heimischen Eichenfrüchte, doch enthalten sie deutlich mehr Gerbsäuren (Tannine) als jene. Die energetischen »Kosten« für die Verarbeitung dieser Tannine im Stoffwechsel des Vogels übersteigen den durch den höheren Fettgehalt bedingten höheren Energiewert der Roteicheln, ihr Verzehr ist somit aus ernährungsphysiologischer Sicht unökonomisch.

Von Mastjahren und Eichelschinken

Eichen, Buchen, Fichten und andere Waldbäume produzieren nicht in jedem Jahr gleich viele Früchte und Samen. In manchen Jahren, sogenannten Mastjahren, gibt es besonders viele, in anderen dagegen sehr viel weniger bis fast gar keine Eicheln, Bucheckern oder Nüsse. Eine schlaue Strategie: Wäre das Angebot in jedem Jahr annähernd gleich, könnten sich Tiere, die sich (auch) von Baumfrüchten ernähren, an das konstante Nahrungsangebot anpassen. Als Folge dessen könnten sie regelmäßig einen (zu) großen Anteil vertilgen und somit den Fortpflanzungserfolg der Bäume gefährden. In den für tierische Nutznießer unvorhersehbaren Mastjahren gibt es dagegen viel mehr Baumfrüchte, als Tiere sie vertilgen können. Andererseits kostet es den Baum sehr viel Energie und Reservestoffe, so viele Früchte auszubilden. Daher fällt nach Mastjahren die Produktion in den Folgejahren deutlich spärlicher aus.

Widrige Umwelteinflüsse wie anhaltende, extreme Trockenheit führen bei Bäumen ebenfalls zu einer stressbedingten Massenproduktion von Früchten und Samen, der Notreife: Vor dem eigenen möglichen Ableben will der Baum noch einmal für ausreichend Nachwuchs sorgen. Im Zuge des Klimawandels kommt es daher immer häufiger zu Mastjahren, die die Bäume weiter schwächen und anfälliger gegen Schädlinge machen.

Der Begriff »Mastjahr« hat seinen Ursprung darin, dass die Bauern früher ihre Schweine in die Wälder trieben, damit sie sich an den Eicheln mästeten. Gab es besonders viele davon, wurden auch die Schweine besonders fett. Noch heute wird diese Eichelmast in den lichten Steineichen-Hainen (Dehesas) der spanischen Provinz Extremadura praktiziert: Von den schwarzen iberischen Schweinen stammt der berühmte Serrano-Schinken, der aufgrund der Eichelmast ein besonders würziges Aroma hat. Auch Spanische Kampfrinder weiden dort auf riesigen Flächen halbwild, schaffen und erhalten so Lebensräume für eine überaus artenreiche Tier- und Pflanzenwelt. Darunter sind extrem seltene und bedrohte Arten wie Mönchsgeier und Spanischer Kaiseradler, Pardelluchs und Ginsterkatze. Zehntausende Kraniche aus Nord- und Osteuropa verbringen dort den Winter und ernähren sich von den übrig gebliebenen Steineicheln.

Das »Herumkauen« mit den Schnabelhälften auf den aufgenommenen Eicheln dient sozusagen der Qualitätskontrolle: Auf diese Weise prüft der Eichelhäher, ob die Frucht möglicherweise verfault, von Maden ausgehöhlt oder bereits gekeimt ist. Zudem kann er auf diese Weise die Dicke der Wand und damit möglicherweise die Größe des darin enthaltenen Kerns abschätzen. Clever wie die Vögel sind, ernten sie die Eicheln nicht nur am Boden, sondern zumindest zeitweise bevorzugt noch am Baum. Damit kommen sie einem Befall mit pathogenen Pilzen wie dem Erreger der Schwarzen Eichelfäule zuvor, der für gewöhnlich erst in die herabgefallenen Eicheln eindringt. Auch sind am Waldboden andere Eichelliebhaber aktiv wie Mäuse, Hirsche und vor allem Wildschweine, deren Konkurrenz die Vögel auf diese Weise aus dem Wege gehen. Eichhörnchen sind dagegen trotz ihres Namens keine ausgesprochenen Eichelsammler. Sie halten sich lieber an Nüsse und Bucheckern.

Eichelhäher sammeln im Herbst die Eicheln, um sie an anderen Stellen für winterliche Notzeiten zu deponieren. Auch hierbei gehen sie sehr ökonomisch vor: Liegt das vorgesehene Versteck nur wenige Meter entfernt, so nehmen sie jeweils meist nur eine Eichel auf. Die Depots können jedoch auch mehrere Kilometer entfernt liegen, da muss auch der Transport ökonomisch erfolgen. Daher schlucken die Vögel in diesem Fall fünf bis sieben, gelegentlich bis zu zehn Eicheln auf einmal. Offenbar haben sie eine sehr gute Vorstellung davon, wie man Eicheln möglichst platzsparend im Kropf bunkert: Kleinere Exemplare werden zuerst geschluckt und die größeren obendrauf gepackt. Eine letzte Eichel nimmt der Vogel schließlich in den Schnabel und fliegt in sein Revier zurück, das er ganzjährig gegen Artgenossen verteidigt. An ergiebigen Sammelplätzen, an denen es genügend Eicheln für alle gibt, treffen sich oft viele Eichelhäher aus der näheren und weiteren Umgebung, ohne dass es zu Streit zwischen den Vögeln kommt.

Auf dem Höhepunkt der Baumfruchtreife im Oktober verbringen die Vögel oft zehn bis elf Stunden täglich mit dem Sammeln. Genaue Beobachtungen ergaben, dass ein einzelner Häher in drei Wochen bis zu 2200 Eicheln, etwa elf Kilogramm, hamsterte. Hochgerechnet auf die gesamte Sammelzeit ergibt sich eine Anzahl von 3000 Eicheln oder 15 Kilogramm. Andere Untersuchungen kamen sogar auf bis zu 5000 gesammelte Eicheln pro Vogel. Diese werden an unterschiedlichen Stellen im Revier einzeln in den Waldboden gesteckt.

Diese umfangreichen individuellen Nahrungsvorräte werden etwa ab November bis in das nächste Frühjahr hinein genutzt, teilweise sogar in der Brutzeit noch an ältere Jungvögel verfüttert. Die Vögel finden die deponierten Eicheln oder

Nüsse zielsicher noch unter hohem Schnee wieder. Vermutlich nutzen sie dafür bestimmte Landmarken in ihrem vertrauten Revier, die sie sich für jedes einzelne Versteck eingeprägt haben müssen. Zudem sind die Häher offensichtlich in der Lage, geleerte Verstecke dauerhaft aus ihrer »geistigen Landkarte« zu löschen, denn ein leeres Depot wird kein zweites Mal aufgesucht. Verstecken und Wiederfinden tausender Baumfrüchte setzen eine erstaunliche Orientierungsleistung voraus – und das Bewusstsein der Objektpermanenz.

Darunter versteht man die kognitive Fähigkeit, zu wissen, dass ein Objekt auch dann weiterhin existiert, wenn es für den Vogel unsichtbar ist. Dazu sind nur wenige geistig hochentwickelte Lebewesen in der Lage. Zahlreiche ausgeklügelte Experimente und Freilandbeobachtungen belegen in der Tat, dass sich Rabenvögel in puncto Intelligenz, Lernvermögen und Sozialverhalten durchaus mit Primaten, Elefanten und Delfinen messen können. So können Raben vorausschauend planen und strategische Allianzen eingehen, Krähen komplexe Werkzeuge herstellen und Elstern sogar ein Ich-Bewusstsein entwickeln.

Trotz ihrer erstaunlichen Orientierungsleistung nutzen Eichelhäher, das jedenfalls ergaben Untersuchungen aus den Niederlanden, nur etwas mehr als 16 Prozent der versteckten Früchte. Der nicht benötigte oder vergessene Rest hat daher die Chance, zu keimen und zu einer neuen Eiche heranzuwachsen. Eichen gehören zu den Mineralbodenkeimern, die nur schlecht oder gar nicht auf einer Laub- oder Humusauflage keimen und wachsen können. Indem der Eichelhäher die Eicheln einige Zentimeter tief in den Boden einarbeitet, sorgt er für optimale Keimbedingungen. Eichelhäher spielen daher eine ökologische Schlüsselrolle bei der Verbreitung von Waldbäumen und der natürlichen Waldverjüngung, weswegen sie auch »gefiederte Förster« genannt werden. In verschiedenen Forstämtern stellen die menschlichen Förster in Körben Eicheln bereit und nutzen so die kostenlose Hilfe der Häher beim Pflanzen und Verbreiten. Ein beeindruckendes Referenzprojekt gibt es unter anderem in Niedersachsen: Durch diese »Hähersaaten« konnte im Forstamt Osterholz-Scharmbeck die Eichenwaldfläche innerhalb von elf Jahren auf 350 Hektar verdoppelt werden. Bei den Bayerischen Staatsforsten wurde der Eichelhäher bereits scherzhaft zum »Mitarbeiter des Jahres« gewählt.

Eichelhäher, Tannenhäher (s. S. 98) und manche ihrer Verwandten sind nicht die einzigen Vögel, die eine gezielte Vorratshaltung betreiben: Auch Kleiber (s. S. 50) horten Nahrung, ganz besonders Sonnenblumenkerne aus dem Futterhäuschen, und verstecken sie in der Umgebung. Sammeln und Verstecken liegt auch einigen Meisenarten im Blut, namentlich der Sumpfmeise sowie (im Nadelwald) der Tannenmeise und der Haubenmeise. Dieses Verhalten ist ganzjährig zu beobachten, unterliegt in seiner Intensität aber einer ausgeprägten Jahresrhythmik und auch äußeren Einflüssen. Es ist umso ausgeprägter, je strenger die Winter sind. Möglicherweise spielt es aber nicht für alle Populationen eine gleich große Rolle.

Natur-Memory

Im Wald kann man mit Kindern Spiele veranstalten, die die Aufmerksamkeit und das Gedächtnis schulen, etwa ein Natur-Memory: Man sammelt dazu jeweils zwei einander entsprechende Stücke unterschiedlichster Dinge, die man im Wald finden kann, etwa Eicheln, Bucheckern, verschiedene Blätter, Zapfen, Flechtenstücke, Borkenteile und Ähnliches mehr. Diese werden einzeln in blickdichte Döschen gepackt oder unter Tüchern versteckt und – vor den Augen der Kinder verborgen – in Form eines Memorys auf dem Waldboden drapiert. Die Spielregeln entsprechen denen eines üblichen Karten-Memorys. Die Fruchtbecher der Eicheln (»Eichelhütchen«) lassen sich, auf der Innenseite mit unterschiedlichen Farben und Mustern versehen, ebenfalls als ein haltbares Miniatur-Memory verwenden.

Ein anderes Gedächtnisspiel: Unterschiedliche Fundstücke aus der Natur werden auf einem Tablett zusammengestellt und mit einem Tuch bedeckt. Auf ein Kommando wird das Tuch für einige Sekunden gelüftet und anschließend wieder über das Tablett gelegt. Die Kinder sollen nun möglichst viele der präsentierten Dinge aufschreiben – wer die meisten Dinge richtig erinnert, hat gewonnen. (Papier und Stifte in ausreichender Menge nicht vergessen!) Man kann die Dinge bei einem Waldspaziergang auch gemeinsam sammeln und diesen spielerischen Gedächtnistest anschließend zu Hause mit der ganzen Familie durchführen. Mit Baumfrüchten wie Eicheln, Haselnüssen und Kastanien lässt sich auch herrlich basteln.

Versteckt wird im Gegensatz zu den Hähern meist nicht am Boden (für kleine Vögel ungünstig bei Schneelage!), sondern in Bäumen. Besonders dort, wo die verschiedenen Meisen und der Kleiber gemeinsam vorkommen, bevorzugt jede Art unterschiedliche Bereiche des Baumes, von Rissen und Vertiefungen am Stamm und an starken Ästen bis zu Nadelbüscheln an feinen Zweigen. Diese Vorratslager dienen anders als bei den Hähern weniger als langfristige Depots, sondern werden in der Regel zeitnah genutzt. Das Anlegen von Nahrungsvorräten ist vermutlich eine energetisch günstige(re) Alternative zum energieaufwendigen Aufbau und Halten körpereigener Fettreserven und kann nach einer kalten Winternacht über Leben und Tod entscheiden, wenn die Nahrung knapp ist.

Ab dem späteren Frühjahr stellen die Eichelhäher ihre Nahrung auf animalische Kost um. In Laubmischwäldern können wir den bunten Gesellen ganzjährig begegnen. Mit durchdringend rätschenden Alarmrufen warnen sie vor tatsächlichen oder vermeintlichen Feinden wie Fuchs, Habicht, Kauz und Jäger, nicht selten auch vor harmlosen Waldspaziergängern. Die Vögel sind daher auch als »Wächter des Waldes« bekannt und berüchtigt. Das bekommen auch wir jetzt zu spüren, als wir uns aus der Deckung wagen, um den Heimweg anzutreten: »Räätsch! Räätsch ätsch! Achtung – dubiose Gestalten mit Fernglas!«

Eichenkeimling

Tiere als Samenverbreiter

Die Verbreitung von Pflanzensamen durch Tiere wird Zoochorie genannt. Kletten und ähnliche Samen, die über elastische Widerhaken verfügen, heften sich bei Berührung an das Fell von Säugetieren (oder die Kleidung von Menschen) und werden irgendwo unbeabsichtigt wieder abgestreift. Diese Methode (Exozoochorie) ist relativ unspezifisch, viele Samen landen an Orten, an denen sie nicht keimen können. Auch die Versteckausbreitung von Baumfrüchten durch Häher oder Kleinsäuger ist der Kategorie der Exozoochorie zuzuordnen.

Bei der Endozoochorie erfolgt die Verbreitung im Verdauungstrakt eines Tieres: Früchte werden gefressen, die Samen unversehrt wieder ausgeschieden. Manche Samen erlangen ihre Keimfähigkeit sogar erst nach einer Darmpassage. Nicht wenige Beziehungen zwischen Pflanzensame und verbreitendem Tier sind sehr spezifisch und speziell, manche werden nur von einer einzigen Tierart verbreitet. Diese spezielle Koevolution sorgt häufig dafür, dass die Samen möglichst dorthin verbreitet werden, wo potentiell gute Bedingungen für Keimung und Aufwachsen des pflanzlichen Nachwuchses herrschen.

Neben Vögeln und Säugetieren sind auch wirbellose Tiere an der Ausbreitung beteiligt: So besitzen etwa die Samen des heimischen Waldveilchens fetthaltige Anhängsel (Ölkörper oder Elaiosomen), die für Ameisen einen unwiderstehlichen Leckerbissen darstellen. Mit den Elaiosomen werden auch die anhängenden Samen von den emsigen Sechsbeinern verschleppt. Erdbeerpflanzen locken mit saftigem Fruchtfleisch gezielt Schnecken an, die für die Verbreitung der winzigen Nüsschen sorgen sollen – sehr zum Verdruss der Gärtner, die »Schäden« durch Schneckenfraß an den leckeren Erdbeeren (botanisch korrekt keine Beeren, sondern Sammelnussfrüchte) beklagen.

Das Rascheln im Walde

Buchenmischwald im November

Amsel, Buchfink und Bergfink

Ein Herbstspaziergang im Buchenwald bei strahlend blauem Himmel ist immer wieder schön. Jetzt, Anfang November, ist das meiste Laub bereits gefallen. Nur vereinzelt sitzen noch vertrocknete Buchenblätter an den Zweigen. Waldboden und Wege sind bedeckt mit einer dicken Laubschicht, die unsere Schritte wunderbar rascheln lässt. Sattbraun bis rotbraun schimmern die Blätter der Rotbuchen (s. auch S. 132) im spätherbstlich milden Sonnenlicht, das durch die weitestgehend kahlen Baumkronen ungehindert auf den Waldboden fällt. Dazwischen leuchten an einigen Stellen handtellergroße, gelbe Ahornblätter. Sie fallen nicht nur durch ihre Größe und Färbung auf: Mit ihrer fünflappigen Form unterscheiden sie sich stark von den eiförmigen, vorn leicht zugespitzten Buchenblättern. Beim genauen Hinschauen können wir zwei verschiedene Ahornblatt-Formen erkennen: Die größeren Blätter, deren Lappen an den Rändern mit auffallenden Spitzen versehen sind, gehören zum **Spitzahorn,** die kompakter wirkenden Blätter mit nur leicht gewellten Blatträndern sind die des **Bergahorns.**

Es sind ungleiche Brüder: Der Bergahorn ist eine anspruchsvolle Baumart der höheren Lagen. Man findet ihn von Natur aus vor allem in den Mittelgebirgen und den Alpen bis in eine Höhe von etwa 1500 Metern. Als schattentolerante Art kann er sich auch im Buchenwald noch recht gut behaupten und bildet in vom Menschen nicht beeinflussten Bestandeslücken häufig die unmittelbare »Vorhut« der Rotbuche. Er ist dann das vorletzte Baumstadium in einer längeren Abfolge (Sukzession) verschiedener Gehölzarten (s. S. 31), bevor die alles dominierende Buche letztendlich die Vorherrschaft übernimmt. Der Bergahorn wird aber auch außerhalb seines natürlichen Vorkommens gezielt von Förstern gepflanzt und gefördert, da sein hartes Holz in der Möbelherstellung sehr geschätzt wird.

Der Spitzahorn ist wesentlich anspruchsloser und gedeiht als Pionierbaumart (s. S. 94) eigentlich überall, nicht nur an lichten Stellen im Wald und an Waldrändern, sondern auf allen Rohböden, zum Beispiel entlang von Bahndämmen und auf Brachflächen, und kommt auch als Straßenbaum mitten in der Stadt gut zurecht. Innerhalb von Buchenwäldern wächst er – teils gemeinsam mit dem Bergahorn – bevorzugt an Standorten, an denen die Rotbuche nicht dauerhaft gedeihen kann, zum Beispiel an steilen Schluchthängen, an denen der Oberboden ständig in Bewegung ist und immer wieder abrutscht und wo Baumarten im Vorteil sind, die durch ein gutes Ausschlagvermögen Stammverletzungen durch herabstürzendes Geröll besser ertragen als die empfindliche Buche. Dort bilden die Ahorne zusammen mit Bergulmen, Eschen und Sommerlinden Schluchtwald-Gesellschaften – Enklaven innerhalb des Buchen-Imperiums. Der Basenhaushalt des Bodens und die Versorgung mit Nährstoffen und Wasser entscheiden über Artenzusammensetzung und Dominanzverhältnisse dieser Edellaubhölzer.

Während wir durch das Laub rascheln, fragen wir uns vielleicht, warum Laubbäume in unseren Breiten ihre Blätter im Herbst regelmäßig abwerfen, fast alle Nadelbäume aber nicht? Dies ist eine Anpassung an die winterlichen Verhältnisse: Die weichen Laubblätter mit ihrer großen Oberfläche würden auch an sonnigen Wintertagen Wasser verdunsten, das bei gefrorenem Boden nicht nachgeliefert werden kann: Es käme zur Frosttrocknis. Das in den Blättern enthaltene Wasser würde zudem bei Minusgraden gefrieren und die Zellen zerstören. Anders bei den Nadelbäumen: Nadeln sind im Grunde aufgerollte Blätter, die auf diese Weise ihre Oberfläche massiv verringern und durch stark verdickte Zellwände, eine aufgelagerte Wachsschicht und eingesenkte Spaltöffnungen die Verdunstungsrate stark herabsetzen. Zudem verhindern natürliche Frostschutzmittel, die in die Zellen eingelagert werden, ein Gefrieren der Zellsäfte.

Buntes Herbstlaub

Indian Summer oder das Geheimnis der Laubfärbung

Im Herbst färbt sich das ansonsten grüne Laub bunt: Gelbe, rote, orangene und braune Farbtöne tauchen den Wald in ein berauschendes Farbenspiel. Während in unseren Breiten meist gelbliche oder gelblich braune Farben dominieren, kann man besonders in den Neuengland-Staaten im Osten der USA das Naturschauspiel des »Indian Summer« bestaunen: Die Wälder scheinen geradezu in Flammen zu stehen. Hieran sind vor allem verschiedene dort heimische Ahorn-Arten beteiligt, deren Laub sich intensiv rot oder orange färbt. Auch manche ostasiatischen Vertreter der großen Ahornfamilie *(Aceraceae)*, aber beispielsweise auch nordamerikanische Roteichen und Felsenbirnen schmücken sich im Herbst mit leuchtenden roten Farben und werden daher häufig in Gärten und Parks als Ziergehölze gepflanzt.

Die Intensität der herbstlichen Laubfärbung ist neben den enthaltenen Farbstoffen auch vom Wetter und den Temperaturen abhängig: Besonders ausgeprägt ist sie bei einer längeren Phase von warmen, sonnigen Tagen und gleichzeitig kalten Nächten. Wozu aber dieser Aufwand, wo doch das Laub kurz darauf von den Bäumen fällt?

Die Erklärung dieses Phänomens liegt im Abbau des Blattgrüns, auch als Chlorophyll bekannt. Chlorophyll ist ein komplexes Molekül, das unter anderem mehrere Stickstoff-Atome und ein zentrales Magnesium-Atom enthält. Beide Bestandteile sind für die Pflanze lebenswichtig, stehen aber oft nicht ausreichend zur Verfügung. Das Blattgrün wird daher vor dem Laubfall zerlegt und die darin enthaltenen Wertstoffe – in der Summe eine enorme Menge – für eine weitere Verwendung in Stamm oder Wurzeln gespeichert. Mit dem Abbau des Chlorophylls werden andere Farbstoffe (Carotinoide und Anthocyane) sichtbar, die sonst vom Blattgrün optisch überdeckt werden. Sie absorbieren das für den Prozess der Fotosynthese notwendige Licht in anderen Spektralbereichen als das Chlorophyll und ermöglichen so eine bessere Ausnutzung des Lichtspektrums, als sie allein durch Chlorophyll möglich wäre. Die Fotosynthese ist der biochemische Prozess, bei dem die Pflanzen mithilfe des Sonnenlichts aus Kohlendioxid und Wasser Zucker herstellen und als Nebenprodukt Sauerstoff abgeben.

Eine Ausnahme sind die Erlen (s. S. 23): Sie werfen ihr Laub im grünen Zustand ab. Der Grund ist eine Symbiose mit bestimmten Bakterien *(Frankia alni)*, die in speziellen Knöllchen ihrer Wurzeln leben. Diese Bakterien sind in der Lage, Luftstickstoff in pflanzenverfügbares Nitrat umzuwandeln, welches sie den Bäumen im Austausch gegen Zuckerverbindungen liefern. Derart gut mit lebensnotwendigem Stickstoff versorgt, können sich die Erlen den energieaufwendigen Abbau des Blattgrüns sparen.

Nadelbäume wie die Fichte sind von Natur aus in den Taigawäldern des hohen Nordens zuhause oder in besonders kalten Hochlagen, wo die Winter lang und die Sommer kurz sind. Um die kurze Vegetationsperiode möglichst gut ausnutzen zu können, ist es vorteilhaft, wenn die nadelförmigen Blätter im Frühjahr nicht erst austreiben müssen, sondern bereits vorhanden sind, damit die Bäume bei geeigneten Bedingungen sofort mit der Fotosynthese und so mit allen Lebensprozessen beginnen können. Unter den einheimischen Nadelbäumen wirft lediglich die Lärche ihre weichen, vergilbenden Nadeln im Herbst ab – eine andere Strategie der Anpassung an die strengen Winterfröste in ihrem natürlichen Verbreitungsgebiet nahe der alpinen Baumgrenze (s. S. 97). Die abnehmende Tageslänge ist der Zeitgeber, der den sommergrünen Bäumen und Sträuchern das Signal gibt, sich auf das Abwerfen der Blätter vorzubereiten.

Ein wiederholtes, kurzes Rascheln reißt uns aus unseren Gedanken. Ist noch jemand im Wald unterwegs? Offensichtlich – aber außer uns ist kein Spaziergänger weit und breit zu sehen. Nein, eine **Amsel** ist es, die da nicht weit von uns entfernt im Laub herumstöbert. Das mattschwarze Federkleid, der gelbe Schnabel und ein ebenso gefärbter Augenring verraten uns, dass wir ein erwachsenes Männchen vor uns haben. Ein Anblick, der uns aus dem Garten vertraut ist – so alltäglich, dass wir uns heute kaum mehr vorstellen können, dass dieser Vogel noch vor 150 bis 200 Jahren ein scheuer Bewohner dichter, unterholzreicher Wälder war. Doch längst hat die Amsel städtische Gärten und Parks erobert (s. auch S. 165) und ist auch aus diesem Grunde heute die häufigste Brutvogelart Deutschlands. Aber was sucht sie da im Laub?

Eifrig schleudert sie mit dem Schnabel ein Blatt nach dem anderen oder auch mehrere gleichzeitig zur Seite und späht konzentriert mit schief gehaltenem Kopf auf die freigelegten Stellen, wo sie hin und wieder etwas aufpickt. Um zu sehen, was sie dort sucht und findet, tun wir es ihr gleich und wühlen ebenfalls in der Laubschicht. Aufmerksam untersuchen wir eine Handvoll Laub und Erde – und werden bald fündig: Asseln, kleine Schnecken, Würmer und andere tummeln sich hier, ein reich gedeckter Tisch nicht nur für die Amsel. Diese Tiere leben nicht zufällig hier: Viele von ihnen spielen eine herausragende Rolle bei der Zersetzung des Laubes. Ohne sie würden bald meterhohe Laubschichten den Waldboden bedecken. Diese sogenannten Destruenten schreddern und zerkleinern die Blätter. Pilze und Bakterien übernehmen den Rest und zerlegen das organische Material in seine mineralischen Bestandteile. Diese wiederum können von den Pflanzenwurzeln aufgenommen werden – ein perfektes, natürliches Recycling.

Im Garten profitiert die Amsel ausgerechnet von kurz geschorenen Rasenflächen: Beim regelmäßigen Mähen fällt stets ein mehr oder weniger großer Anteil von Grasschnitt auf den Boden – selbst bei Verwendung eines Fangkorbes am Rasenmäher. Dieser klein gehäckselte proteinreiche Grasschnitt wiederum ist bestes Futter für Regenwürmer, die Leibspeise der Amsel. Durch wiederholtes Hüpfen auf der Stelle veranlasst sie die Würmer in der Erde zur Flucht. Deren Borsten am Körper verursachen beim Kriechen winzige Vibrationen. Diese kann der Vogel über seine Füße wahrnehmen, so die Beute orten und gezielt an der richtigen Stelle in die Erde hacken, um den Wurm herauszuziehen. In einer weichen, federnden Laubschicht funktioniert diese Methode allerdings nicht. Aber auch im Garten sollte man unter Büschen das Falllaub liegen lassen, damit Amseln, Rotkehlchen und andere darin nach Kleintieren stöbern können.

Dort hinten bewegt sich etwas auf dem Waldboden – noch eine Amsel? Nein, ein anderer, kleinerer Vogel. Einer? Nein, das sind mehrere, die jetzt kurz auffliegen und gleich wieder landen. Da müssen wir doch mal das Fernglas zur Hand nehmen, um zu sehen, wen wir da vor uns haben. Wieder fliegt ein kleiner Trupp auf – kurz nur, aber lang genug, um von hinten eine doppelte weiße Flügelbinde, weiße Schwanzaußenkanten und einen grünlichen Bürzel zu sehen. Kein Zweifel: Das sind **Buchfinken.** Auf dem Boden können wir die Vögel noch genauer betrachten: Die rötliche Brust und der graublaue Nacken und Scheitel sind jetzt im Herbst nach der Mauser matter und gedeckter als im Prachtkleid, aber schmucke Burschen sind die Buchfinken allemal. Es sind alles Männchen. Die wesentlich schlichter gefärbten grünlich braunen Weibchen können wir nicht entdecken.

Wie alt werden die Nadelblätter von Tanne, Fichte und Kiefer?

Einzelne Tannennadeln können zehn bis maximal 14 Jahre am Baum verbleiben, ehe sie abgeworfen werden. Die Nadeln der Fichte werden im Schnitt sieben Jahre alt, im Gebirge auch zehn Jahre. Unter Stressbedingungen verlieren Fichten ihre Nadeln bereits nach etwa vier Jahren. Kiefernnadeln sind mit durchschnittlich nur zwei bis drei Jahren vergleichsweise kurzlebig. Dennoch: Da bei gesunden Bäumen stets nur ein kleiner Teil der Nadeln abgeworfen wird, in der Regel an älteren, stammnahen und daher schattigen Astabschnitten, bleiben die Nadelbäume immergrün. Wenn jedoch innerhalb kurzer Zeit alle oder ein Großteil der Nadeln braun werden und herabrieseln, zeigt dies das Absterben des Baumes an, etwa nach einem starken Borkenkäfer-Befall (s. S. 94 und S. 162).

Der Buchfink zählt zu den häufigsten Vogelarten des Waldes.

Es ist durchaus typisch für diese Vogelart, dass man im Winterhalbjahr fast nur erwachsene männliche Buchfinken bei uns sieht, denn Weibchen und Jungvögel verbringen den Winter überwiegend in Südfrankreich und Spanien. Das veranlasste den schwedischen Naturforscher Carl von Linné, der 1758 als Erster allen damals bekannten Tierarten und Pflanzenarten zweiteilige wissenschaftliche Namen gab, den Buchfinken *Fringilla coelebs* zu nennen: der zölibatäre, ehelose Fink. Jetzt im Herbst bekommen die einheimischen Buchfinken Verstärkung von Artgenossen aus dem südlichen und mittleren Skandinavien. An guten Zugtagen im Oktober ziehen viele Tausend Buchfinken in lockeren Schwärmen über die Vogelfluglinie von Schweden aus nach Deutschland. Die männlichen Vögel überwintern in Deutschland, Weibchen und Nachwuchs fliegen genau wie bei den hier brütenden Populationen weiter in den Mittelmeerraum. Zur Brutzeit findet man Buchfinken keineswegs nur im Buchenwald, sie sind in jeder Art von Wald und Forst zuhause und somit echte Generalisten (s. auch S. 160). Auch in Parkanlagen und auf Waldfriedhöfen sind sie regelmäßige Brutvögel.

Regenwürmer – Segen und Fluch

Regenwürmer sind nicht nur eine Lieblingsnahrung der Amsel, sondern haben auch eine wichtige ökologische Funktion: Sie durchlüften mit ihren unterirdischen Gängen den Boden und ziehen organisches Material wie Blätter und sonstige pflanzliche Abfälle in die Erde, fressen es und scheiden es als fruchtbaren Humus an der Oberfläche wieder aus. Regenwürmer sind also äußerst nützliche Tiere – in Europa.

In Nordamerika dagegen haben sie eine dramatische ökologische Krise ausgelöst: Seit der letzten Eiszeit gab es im größten Teil des nordamerikanischen Kontinents keine Regenwürmer mehr. Herabgefallene Blätter werden dort im Wesentlichen von Pilzen und Bakterien abgebaut. Dieser Prozess dauert viel länger, als dies mithilfe der Regenwürmer der Fall wäre, Laub sammelt sich in dicken Schichten auf dem Waldboden an. Daran haben sich die dortigen Waldökosysteme angepasst. Vor einigen Jahrzehnten jedoch wurden europäische und auch asiatische Regenwürmer von Anglern als Ködertiere eingeführt. Viele entkamen oder wurden achtlos in die Natur »entsorgt«. Andere wurden mit den Wurzelballen importierter Pflanzen eingeschleppt. Seitdem vermehren sie sich unaufhaltsam, breiten sich aus und tun das, was sie in Europa und Asien auch tun.

Doch anders als dort sorgt ihr enormer Appetit in Amerika für eine ökologische Katastrophe: Die stark und kontinuierlich abnehmende Laubschicht führt zum Verschwinden einst häufiger Pflanzen des Waldbodens, die auf die neuen Bedingungen nicht eingestellt sind, auch die Samen mancher Baumarten können schlechter oder gar nicht mehr keimen. Die verkahlten Böden trocknen aus, auch weil in den umfangreichen unterirdischen Gangsystemen der Würmer das Regenwasser schneller versickert. In den Laubschichten gebundene Nährstoffe werden rascher freigesetzt, als die angestammten Pflanzen sie aufnehmen können, und führen zu einer Überdüngung der Böden, was wiederum andere, oftmals eingeschleppte fremde Arten fördert. Das Artenspektrum, die Häufigkeit und das Zusammenwirken von Pflanzen, Tieren, Pilzen und Mikroorganismen verändern sich dadurch massiv – am Ende steht der Kollaps kompletter Waldökosysteme.

Und nicht nur das: Der schnelle Abbau der Laubschicht setzt auch große Mengen Kohlendioxid frei, das als Treibhausgas die globale Klimaerwärmung weiter anheizt. Fachleute sind sich einig, dass die Invasion der Regenwürmer in Nordamerika nicht aufzuhalten sein wird, ohne noch gravierendere Schäden anzurichten. Auch potentielle natürliche Feinde wie die amerikanische Wanderdrossel, die dort eine ähnliche ökologische Nische besetzt wie unsere Amsel, oder der einst von europäischen Siedlern nach Nordamerika eingeführte Star sind grundsätzlich nicht in der Lage, den Bestand der Regenwürmer zu regulieren – genauso wenig wie dies in europäischen Waldökosystemen der Fall ist.

Etwas weiter hinten im Wald wuseln noch viel mehr Vögel herum, ein großer Schwarm bedeckt den Waldboden wie ein bunter Teppich. Es sind **Bergfinken,** nahe Verwandte unserer Buchfinken, die den Weg von ihren Brutgebieten in der nordischen Taiga hierher gefunden haben. Mit ihrer orangerötlichen Brust sind die Vögel auf den ersten Blick im bunten Laub gut getarnt. Bei den Bergfinken sind die Unterschiede zwischen Schlichtkleid und Prachtkleid noch deutlicher ausgeprägt als beim Buchfink: Die im Frühjahr und Sommer tiefschwarze Färbung von Kopf und Rücken ist jetzt durch rostbeige Federränder verdeckt, diese Gefiederpartien wirken daher dunkel graubraun gemustert. Anders als bei den Buchfinken ähneln sich die Geschlechter im Schlichtkleid recht stark. Doch gibt es einige Unterscheidungsmerkmale: Der Schnabel ist beim Männchen leuchtend gelb mit dunkler Spitze, beim Weibchen eher düster gefärbt. Auch sind die Männchen an Oberkopf und Rücken meist stärker gescheckt als die Weibchen und zeigen an den Kopfseiten ein durchschimmerndes Schwarz – was allerdings nur bei gutem Licht und aus der Nähe zu erkennen ist.

Beide Finkenarten lieben Bucheckern, regional in Analogie zu den Eicheln auch »Bucheln« genannt, die dreikantigen Nussfrüchte der Rotbuche. Der Buchfink verdankt dieser Vorliebe seinen Namen. In noch stärkerem Maße aber ist der Bergfink im Winterhalbjahr auf diese Nahrung angewiesen. In Regionen mit besonders üppiger Buchenmast sammeln sich die Vögel zu Abertausenden. In manchen Jahren kommt es zu Masseneinflügen. Vor allem in den ausgedehnten Buchenwäldern am Alpenrand und im Voralpenraum, auf der Schwäbischen Alb, im Schwarzwald und auch südlich der Alpen in der Schweiz überwintern mitunter viele Millionen Bergfinken beiderlei Geschlechts. Auf 20 bis 50 Millionen, vielleicht 100 Millionen wurde ihre Gesamtzahl schon geschätzt.

Nun, so viele Vögel haben sich hier nicht versammelt, aber um die 500 mögen es sein – eindrucksvoll genug. Offenbar scheinen sie hier genügend Bucheckern zu finden. Das ist nicht in jedem Jahr so, ähnlich wie bei der Eiche und anderen Bäumen gibt es in manchen Jahren in einem Bestand sehr viele, in anderen dagegen kaum Früchte (s. S. 124). Schauen wir doch einmal selber nach: Wir wühlen im Laub und finden bald neben den typischen vierklappigen, stacheligen Fruchtbechern der Buche und auffällig geflügelten Ahornsamen die von den

Bucheckern mit stacheliger Fruchtkapsel

Bergfinken lieben Bucheckern.

Vögeln so begehrten Bucheckern. Früher wurden sie auch von Menschen genutzt, besonders in Notzeiten: Man presste Öl aus ihnen, das zum Kochen und als Lampenöl verwendet wurde, gemahlen dienten sie als Kaffee-Ersatz. Geröstet kann man sie auch als nahrhafte Leckerei verspeisen. Roh sollte man Bucheckern dagegen nicht in größerer Menge konsumieren, denn sie enthalten für Menschen leicht giftige Inhaltsstoffe. Aber einige Buchennüsschen bei einem Spaziergang zwischendurch vom Waldboden aufzusammeln und roh zu knabbern, ist unbedenklich und lecker. Und für die hungrigen Buchfinken und Bergfinken bleiben mehr als genug übrig. Erst wenn so viele Bucheckern in diesem Wald in ihren Schnäbeln verschwunden sein werden, dass die Suche zu mühsam wird, werden sie weiterziehen zu neuen Nahrungsquellen.

Propeller, Fallschirm, Klettverschluss – der Natur abgeschaut

Die Nussfrüchte des Ahorns besitzen jeweils einen großen, asymmetrisch geformten Flügel. Sie sitzen zunächst paarweise zu mehreren in auffallenden Fruchtständen. Nach der Reifung lösen sich daraus die Samen und fallen in der Regel einzeln, selten auch als Paar zu Boden. Dabei wirkt die spezielle Flügelform wie ein Propeller, der die Früchte durch Rotation länger in der Luft hält und somit eine windunterstützte Verbreitung über größere Distanzen ermöglicht.

In der Tat dienten Ahornfrüchte als Vorbild für die Entwicklung von Propellern. Auch zahlreiche andere technische Entwicklungen wurden der Natur abgeschaut. Bekannt ist etwa der Klettverschluss, der auf demselben Prinzip beruht, mit dem sich die Früchte der Klette durch speziell geformte elastische Häkchen am Fell von Tieren festheften (s. auch S. 129). Die an Wattebäusche erinnernden haarartigen Auswüchse an den Samen von Weiden und Pappeln und die fein gefiederten Flugapparate an denen des Löwenzahns sorgen dafür, dass diese weit durch die Luft segeln und sanft zu Boden sinken können – das Grundprinzip des Fallschirms.

Diese und viele andere Beispiele zeigen, wie Phänomene aus der Biologie die moderne Technik inspirieren, man bezeichnet dieses Wissenschaftsgebiet daher als Bionik. Der Bionik liegt die Annahme zugrunde, dass die belebte Natur Strukturen und Prozesse entwickelt, die sich im Laufe der Evolution stetig verbessern. Von ihnen kann der Mensch lernen. Völlig neu ist dieser Ansatz indes nicht: Schon das Universalgenie Leonardo da Vinci (1452 – 1519) nutzte die Anatomie und Bewegung von Vogelflügeln als Vorbild für seine Vision zur Entwicklung einer Flugmaschine – der Vorläufer moderner Flugzeuge. Ebenso entwickelte er den Prototyp für einen Hubschrauber – inspiriert durch schraubig durch die Luft fliegende Ahornsamen.

Ahornfrüchte

Rotbrüstchen und der Schneekönig

Windwurf im Dezember

Rotkehlchen und Zaunkönig

Viele Tage war es trüb, grau und nasskalt – typisches Novemberwetter. Doch jetzt, mit dem Vollmond Anfang Dezember ist das Wetter umgeschlagen: Nach einer frostigen Nacht ist die Landschaft mit Raureif bedeckt. Bäume und Büsche wirken wie dick überzuckert – nichts wie raus zu einem Adventsspaziergang in die Natur. Unser Weg führt an einer besonderen Stelle am Waldrand vorbei. Dort ist vor Jahren eine alte Pappel im Sturm gefallen, ihr mächtiger Wurzelteller ragt senkrecht in die Luft und hat am Boden eine mit Wasser gefüllte Vertiefung hinterlassen. Niemand hat den Baum zersägt und weggeräumt, wie es im Forst sonst oft geschieht, und so haben Brombeeren und wilde Hundsrosen Stamm und Wurzelteller in einem wilden Durcheinander aus langen, stacheligen Ranken umschlungen.

Weithin leuchten die roten Hagebutten, die weiße Mützchen aus Raureif tragen, im Kontrast zu den schwarzgrün verfärbten Blättern der Brombeeren. Und noch etwas leuchtet in auffälligem Rot-Orange aus diesem Ensemble: Es sind die eigenartigen Früchte des **Pfaffenhütchens,** wegen der früheren Verwendung seines harten Holzes für Handspindeln auch Spindelstrauch genannt. Aus den vierklappigen, jetzt weit geöffneten Kapseln von rosaroter Farbe hängen die von einem orangefarbenen, fleischigen Samenmantel (Arillus) umgebenen Samen, jeweils vier pro Kapsel, an verlängerten Stielchen heraus. Da die geschlossene Fruchtkapsel in Form und Farbe an ein Birett, eine Kopfbedeckung katholischer Geistlicher erinnert (abwertend auch Pfaffen genannt), erhielt der Strauch den Namen Pfaffenhütchen oder Pfaffenkäppchen.

Jetzt fehlt nur noch der Dompfaff, der Gimpel, dessen beim Männchen leuchtend blutrote Brust und schwarze Kappe das fast schon kitschige Farbenspiel komplettieren würden – ein perfektes Motiv für eine Weihnachtskarte. Und tatsächlich, da kommt schon einer angeflogen – ach nein, kein Dompfaff, aber auch mit roter Brust, nicht so leuchtend wie bei diesem, eher ein ins Bräunliche spielendes Orangerot: ein **Rotkehlchen.** Etwas »skeptisch« schnickert es bei unserem Anblick vor sich hin, doch die schnell gereihten zick-Laute, mit denen

Fruchtendes Pfaffenhütchen in flammender Herbstfärbung

es vor vermeintlichen oder tatsächlichen Gefahren warnt, verstummen bald. Rotkehlchen zeigen im Allgemeinen wenig Scheu vor dem Menschen – im Gegenteil, sie begleiten ihn oftmals bei der Gartenarbeit, um Larven und Würmer aufzupicken, die bei der Bodenbearbeitung freigelegt wurden. »Rotbrüstchen« wird der Vogel mancherorts auch genannt, und diese Bezeichnung trifft weit besser zu als »Rotkehlchen«: Denn die auffallende Färbung ziert nicht nur die Kehle, sondern auch die Brust und zieht sich über die vorderen Seiten von Hals und Kopf bis auf die Stirn (s. Abbildung auf S. 77).

Sollten Sie tatsächlich einmal einem Vogel begegnen, bei dem die rostrote Färbung auf die Kehle und allenfalls den oberen Brustbereich beschränkt ist, handelt es sich um einen männlichen Zwergschnäpper, einen recht seltenen und vor allem in den östlichen Landesteilen Deutschlands verbreiteten Waldbewohner, der jedoch als ausgesprochener Zugvogel zu dieser Jahreszeit im indischen(!) Winterquartier weilt. Zudem lebt er im Kronenbereich hoher Bäume.

Ganz anders das Rotkehlchen, das sich meist am Boden oder in niedriger Strauchvegetation aufhält und sich jetzt ganz frei auf einem Zweig in Augenhöhe präsentiert. Ein niedliches Vögelchen: Mit seinem runden Kopf, hoher Stirn, dem kurzen, spitzen Schnabel und den großen, dunklen Augen erfüllt das

Rotkehlchen perfekt das »Kindchenschema«, das Konrad Lorenz, der Vater der modernen Verhaltensforschung, im Jahr 1943 erstmals beschrieb: Der Anblick junger Säugetiere und Kleinkinder, deren Gesichtsproportionen stets diesem Kindchenschema entsprechen, weckt bei den Elterntieren und bei erwachsenen Menschen einen starken Beschützerinstinkt und Brutpflegetrieb. Beim Rotkehlchen sind diese Merkmale zufällig ausgebildet, wirken auf uns Menschen aber ebenso als Schlüsselreiz. Verstärkend kommt hinzu, dass sich »unser« Vogel wegen der Kälte aufgeplustert hat. So vergrößert er die isolierende Luftschicht zwischen den Federn – ein perfekter Thermoanzug. Und auch die Kugelform ist kein Zufall: Von allen geometrischen Formen desselben Volumens hat sie die geringste Oberfläche. Je kleiner die Oberfläche ist, desto geringer ist auch der Wärmeverlust.

Giftpflanzen in Natur und Garten – eine Gefahr für Leib und Leben?

Nur wenige heimische Wildsträucher und Stauden sind tatsächlich stark giftig – wobei es immer auch auf die Dosis ankommt. Dazu zählt neben dem Pfaffenhütchen die Eibe, bei der alle Teile, also auch die Nadeln, ein für den Menschen wirksames Gift enthalten – mit Ausnahme des leuchtend roten, fleischigen Samenmantels. Der Verzehr der attraktiven Früchte bleibt daher ohne Folgen für die Gesundheit, solange die kleinen Samen selbst nicht zerkaut werden.

Eine wirkliche Gefahr geht dagegen von den roten Beeren des Seidelbasts aus: Einige wenige reichen aus, um ein Kleinkind zu töten. Stark giftig sind zum Beispiel auch die Früchte von Zaunrübe, Tollkirsche und Maiglöckchen. Manche wiederum sind »lediglich« ungenießbar bis leicht giftig, zum Beispiel die Beeren von Liguster, Heckenkirschen und anderen Geißblattgewächsen, Schneeball und Kreuzdorn. Meist treten gesundheitliche Beeinträchtigungen erst nach dem Verzehr größerer Mengen auf, was durch den bitteren oder unangenehmen Geschmack dieser Früchte jedoch selten vorkommt. Selbst die im gekochten Zustand so gesunden und vielfältig in der Küche verwendbaren Beeren des Schwarzen Holunders (s. ab S. 117 und S. 121) sind roh genossen unbekömmlich bis leicht giftig.

Auch in Haus und Garten lauert Gefahr: Ungekochte Bohnen und Kartoffeln sind Gesundheit und Wohlbefinden ebenso wenig zuträglich wie die Inhaltsstoffe vieler weit verbreiteter Zimmerpflanzen. Schwere Vergiftungen sind dennoch relativ selten. Aufklärung und die Vermittlung einer guten Artenkenntnis schon im frühen Kindesalter sind die wirksamsten Maßnahmen zur Vorbeugung.

Ebenfalls kein Zufall ist, dass das Rotkehlchen die Nähe des Pfaffenhütchens sucht: Es ist ganz versessen auf seine Früchte, genauer gesagt, auf deren fleischigen Samenmantel. Im Volksmund heißen sie daher auch »Rotkehlchenbrot«. Doch auch zahlreiche andere Vögel schätzen diese Nahrung: Mindestens 24 Vogelarten laben sich am Pfaffenhütchen. Mit ihrem Kot verbreiten sie die Samen dieses Strauches, der am liebsten in lichten Wäldern, am Waldrand und in Hecken wächst und auch schattigere Standorte noch verträgt. Besonders häufig findet man ihn auf nicht zu trockenen, gut mit Stickstoff und Kalk versorgten Böden an mäßig warmen Standorten. Wegen seines Fruchtschmucks und der prächtig roten Herbstfärbung seines Laubes wird das Pfaffenhütchen gern als Zierstrauch in Gärten und Parks gepflanzt. Aber Achtung – was für Vögel eine Delikatesse ist, tut Menschen gar nicht gut: Alle Teile dieses Strauches sind stark giftig, im Jahr 2006 wurde das Pfaffenhütchen zur »Giftpflanze des Jahres« gekürt. Die kleinen orangeroten Pfaffenkäppchen sind allerdings so markant, dass auch Kinder sie leicht erkennen und meiden können.

»Unser« Rotkehlchen ist inzwischen auf den Boden hinabgeflogen und stöbert mit kurzen Hüpfsprüngen zwischen dem Falllaub nach Insekten, Spinnen und anderen Kleintieren. Immer wieder verschwindet es unter den Brombeerranken, um kurz darauf wieder hervorzukommen – es fühlt sich offensichtlich wohl in dieser unübersichtlichen Umgebung, die ihm Nahrung und Deckung gleichermaßen bietet. Jetzt singt der Vogel sogar, ein leises, silberhelles Perlen, und das zu Beginn des Winters. Hat er sich in der Jahreszeit geirrt? Normalerweise singen Vögel doch nur im Frühjahr, um ihr Revier abzustecken und ein Weibchen zu betören? Will das Rotkehlchen jetzt etwa schon oder noch brüten? Nein, das nicht.

Aber Rotkehlchen gehören zu den wenigen Vögeln, die bei uns auch im Winter Reviere besetzen und verteidigen – mit Gesang und notfalls mit vollem Körpereinsatz. Interessanterweise gilt das auch für die Weibchen, die für uns Menschen äußerlich nicht von den Männchen zu unterscheiden sind. Nach der Brutzeit (in der verpaarte Weibchen in der Regel nicht singen) beziehen sie eigene Reviere und verteidigen diese selbst gegen das Männchen, mit dem sie kurz zuvor noch gemeinsam Junge großgezogen hatten. Daher sieht man Rotkehlchen im Winter stets einzeln. Aber es sind nicht unbedingt die bei uns brütenden Vögel, denen wir zu dieser Jahreszeit im Wald begegnen. Diese ziehen nämlich überwiegend zum Überwintern in den Mittelmeerraum, an ihre Stelle treten Artgenossen aus nördlichen und nordöstlichen Populationen. Das zeigen Beobachtungen beringter Tiere, denn ansehen können wir ihnen ihre Herkunft nicht.

»Zerrb zerrb!« Schimpfend huscht ein weiteres Vögelchen wie eine Maus durch die dichte Vegetation am Fuße des Wurzeltellers. Winzig klein, braun und rundlich: ein **Zaunkönig.** Auch er ist im Winter regelmäßig bei uns anzutreffen, wobei es sich ganz überwiegend um heimische Brutvögel handelt, die als Standvögel hier bleiben. Wie beim Rotkehlchen besetzen und verteidigen beide Geschlechter Winterreviere, doch Gesang hört man nur von männlichen Zaunkönigen. Solche Wintergesänge klingen bei beiden Arten meist weniger intensiv und deutlich verhaltener als zur Brutzeit im Frühjahr. Warum aber zeigen Rotkehlchen und Zaunkönige im Gegensatz zu fast allen anderen Wintervögeln ein solches Verhalten?

Beide sind Insektenfresser, und Insekten sind im Winter knapp und schwer zu finden. Sie benötigen also ein Nahrungsrevier, in dem sie jeden Winkel genauestens kennen, um über den Winter zu kommen. Beide Arten machen sich bei der Nahrungssuche dennoch keine nennenswerte Konkurrenz: Der Zaunkönig ist in der Lage, sich durch den engsten Spalt und in die kleinste Lücke zu zwängen und an Stellen nach winzigen Insekten und Spinnen zu stöbern, die

Wie der Zaunkönig zu seinem Namen kam

Der Sage nach wollten einst die Vögel einen König wählen und starteten einen Wettbewerb. Derjenige, der am höchsten fliegen könne, sollte fortan ihr König sein. Zum Schluss startete der Adler, und er flog höher als alle anderen vor ihm. Als er eben begann, wieder zur Erde hinabzugleiten, kroch aus seinem Rückengefieder ein bislang namenloses Vögelchen, das sich dort verborgen gehalten hatte, und flog noch ein Stück höher als der Adler. Lauthals schrie es: »Ich ich ich bin drrrr König, bin ich ich, zi zi zi bin bin bin drrrr König, bin ich ich!« Doch zurück auf dem Boden, stürzten sich die anderen Vögel wütend auf den Betrüger, der daraufhin in ein Mauseloch flüchtete. Damit er nicht entkäme, sollte die Eule Wache halten. Doch diese wurde nach Stunden vom Schlaf übermannt und das Vögelchen konnte entwischen.

Noch heute fürchtet der Winzling den Zorn der anderen Vögel, hält sich stets bodennah in der Deckung verborgen und schlüpft durch die Zäune – die früher häufig aus Dorngebüsch (s. S. 67) oder Totholzgeflecht bestanden. Seitdem heißt der Vogel »Zaunkönig«. Und da er seine lautstarken Strophen aus rollenden und schmetternden Lauten auch zur Winterszeit bei Eis und Schnee hören lässt, wenn fast alle anderen Vögel ihren Schnabel halten, und diese in unseren Ohren häufig fröhlich und keck klingen, entstand die Redewendung »sich freuen wie ein Schneekönig«.

Vogelzwerg mit enormer Stimme: der Zaunkönig

anderen Vögeln wie dem Rotkehlchen nicht zugänglich sind. Dieses wiederum frisst neben wirbellosen Tieren zwar auch Beeren und andere kleine Früchte wie die des Pfaffenhütchens, aber offenbar reicht das Angebot nicht für mehrere Vögel an einem Ort aus.

Zaunkönige haben eine weitere Überlebensstrategie: In sehr kalten Nächten überwinden sie ihre sonstige Aggression gegen Artgenossen und kuscheln sich an geschützten Orten als ringförmige Schlaftraube zusammen, die Schnäbel nach innen und die Schwänzchen nach außen gerichtet. So wärmen sie sich gegenseitig. Tagsüber geht jeder wieder seiner Wege im eigenen Revier. Manche von ihnen wandern im Herbst aus der freien Landschaft in unsere Städte und Dörfer ein. Dort ist es im Winter immer ein paar Grad wärmer als im Wald. Dennoch erleiden Zaunkönige in strengen Wintern oft hohe Verluste. Diese machen sie durch eine hohe Vermehrungsrate in der Regel jedoch innerhalb weniger Jahre wieder wett. Dabei kann ein Männchen mehrere Weibchen gleichzeitig haben – ein König mit Mätressen.

Totholzhaufen und Schichtholzhecken

Wer den Platz dafür hat, sollte im Garten in einer ruhigen, ungenutzten Ecke einen Totholzhaufen aus Baumstubben, Stammstücken, Ästen und stärkeren Zweigen aufschichten. Material dafür fällt beispielsweise beim Obstbaumschnitt oder bei der Rodung von Bäumen und Büschen an.

Für eine Begrünung bieten sich zum Beispiel Kriechrosen oder die wunderschön blühenden, schlingenden Geißblattarten an (Jelängerjelieber und Verwandte). Auch Staudenwicken (botanisch korrekt: Breitblättrige Platterbse) sind an sonnigen Standorten gut geeignet. Diese starkwüchsigen Pflanzen lassen den Totholzhaufen binnen weniger Jahre unter wucherndem Grün verschwinden und bieten brütenden Vögeln Schutz und dem Igel sicheren Unterschlupf. Natürlich kann man einen solchen Haufen auch im Schutz von Heckensträuchern anlegen.

In der freien Landschaft bietet sich die Anlage einer bepflanzten Schichtholzhecke an, nach ihrem Erfinder auch Benjeshecke genannt. Dazu schichtet man zwei parallele Totholzwälle auf, mit einem Abstand von etwa 60 Zentimetern zwischen den Innenseiten. Stützpfähle, in regelmäßigen Abständen gesetzt, geben die nötige Stabilität. Zwischen die Wälle pflanzt man heimische Wildsträucher wie Weißdorne, Schlehen, Wildrosen, Pfaffenhütchen und andere. Abschließend werden die offenen Enden der Wälle zum Schutz gegen Wildverbiss ebenfalls mit Totholz verschlossen und die Außenseiten mit Brombeerstecklingen aus der Umgebung bepflanzt. Vögel tragen die Samen weiterer Heckensträucher ein, die dort auskeimen können. So bildet sich schon bald eine geschlossene Heckenstruktur – in gewisser Weise ein doppelter Waldrand.

Orte wie der eingangs beschriebene mit einem Gestrüpp aus Brombeeren, Wildrosen und anderen Sträuchern und sogar einer kleinen Wasserstelle sind ganzjährig ein ideales Zaunkönigreich. Der aufragende Wurzelteller mit seinen Vertiefungen und Nischen hinter den Wurzeln bietet geeignete Möglichkeiten zum Nestbau, auch für das Rotkehlchen. Häufig legen beide Arten ihre Nester gut versteckt in Bodennähe an – normalerweise ein gefährliches Terrain. Dort sind jedoch, das können wir auch jetzt im Dezember anhand der vertrockneten Überreste noch sehen, im Sommer Brennnesseln, Wilder Hopfen, Klettenlabkraut und verfilzte Altgrasbestände unentwirrbar verwoben mit den stacheligen Trieben von Rosen und Brombeeren. Eine kaum einnehmbare Festung, die ausreichenden Schutz bietet vor hungrigen Nesträubern wie Eichhörnchen, Füchsen, Mardern und wildernden Katzen.

Solche Kleinstrukturen sind daher immens wichtig: In einem bis in den letzten Winkel aufgeräumten Wald oder Garten können Zaunkönig und Rotkehlchen nicht überleben. Besondere Bedeutung kommt dabei den Waldrändern zu: Bei intensiver forstwirtschaftlicher Nutzung fehlen diese oft völlig – der Baumbestand grenzt übergangslos an einen Acker, einen Weg oder eine Straße. Strauchgehölze wie Hartriegel, Heckenkirsche oder Pfaffenhütchen sucht man dort oft vergebens. Doch lässt sich in gewisser Weise Abhilfe schaffen, auch jenseits der Waldränder, zum Beispiel mit einem Totholzhaufen oder einer Schichtholzhecke.

Für einen kurzen Augenblick sitzen jetzt beide Vögel zwischen den leuchtenden Pfaffenkäppchen: das Rotkehlchen oben im Strauch und der Zaunkönig in der unteren Etage. Beide dulden einander offenbar. Doch einander heiraten, wie es die englische Kindergeschichte »The Marriage of Robin Redbreast and the Wren« erzählt, werden sie ganz sicher nicht.

Wildrose mit Hagebutten

Vom Wald zum Forst – und zurück?

Deutschland gilt heute gemeinhin als Waldland. Aktuell ist nach der Flächennutzungsstatistik etwa ein Drittel seiner Landfläche als »Wald« ausgewiesen – rund elf Millionen Hektar. Ohne Einfluss des Menschen wäre unser Land sogar fast vollständig von Wäldern bedeckt, heißt es oft. Ohne Einfluss des Menschen? Und von welcher Zeit sprechen wir hier überhaupt?

Bis vor etwa 12000 Jahren war Mitteleuropa während der letzten Eiszeit teilweise von mächtigen Eispanzern bedeckt, der Rest war eine baumlose, von Gräsern und Zwergsträuchern geprägte Kältesteppe, wie wir sie noch heute in der nordischen Tundra vorfinden. Als das Klima ganz allmählich wieder wärmer wurde und die Eismassen abtauten, waren Pioniergehölze wie Birken und Kiefern, deren Samen vom Wind über große Entfernungen verbreitet werden, und nachfolgend Haselnuss-Sträucher die Ersten, die wieder Fuß fassen konnten. Sie bereiteten den Boden für andere Baumarten, die die Eiszeit in oftmals nur kleinen Rückzugsgebieten im Süden und Südosten Europas überdauert hatten. Im Laufe von Tausenden Jahren drangen Linden, Ahorne, Hainbuchen, Ulmen, Eschen und Eichen nach Norden vor, erst ganz zum Schluss, vor etwa 4500 bis 3000 Jahren, konnte sich die Rotbuche flächendeckend etablieren. Angesichts der Tatsache, dass viele dieser Bäume mehrere Hundert Jahre alt werden können, gibt es sie folglich erst in recht wenigen Baumgenerationen. Der deutsche Wald ist also ein sehr junger Wald, nicht vergleichbar etwa mit den tropischen Regenwäldern, die sich ungestört von Eiszeiten (aber nicht unbeeinflusst von weltweiten Klimaänderungen) über Hunderttausende, ja vielleicht Millionen von Jahren zu Hotspots der Artenvielfalt entwickeln konnten. Teilweise extreme Spezialisierungen und Abhängigkeiten zwischen einzelnen Arten, wie sie für die Lebensgemeinschaften tropischer Regenwälder typisch sind, konnten sich in heimischen Wäldern bislang allenfalls in Ansätzen herausbilden.

Anders als in den Tropen existieren in Europa »Urwälder«, das heißt von direkten Einflüssen des Menschen vollkommen unbeeinflusste Waldbestände, fachlich auch Primärwälder genannt, nur noch in vergleichsweise winzigen Resten, vor allem im Norden und Osten des Kontinents. In Deutschland, wo der Wald seit

Historische Waldnutzungsformen

Die Waldweide, also Beweidung mit Rindern, Schafen und Ziegen, führte zu typischen **Hutewäldern** (von »Hütewäldern«, in denen das Vieh von Hirten gehütet wurde). Sie waren gekennzeichnet durch starken Verbiss der bodennahen Vegetation und das weitgehende Fehlen von Baumjungwuchs. Einzelne alte Eichen in weitem Stand sorgten bei reichlich Fruchtansatz für lohnende Eichelmast von Schweinen (s. S. 124).

Niederwälder (in Norddeutschland auch »Krattwälder« genannt) dienten der Gewinnung von Brennholz. Dazu wurden die Triebe ausschlagfähiger Bäume im Rhythmus von sieben bis 20 Jahren (je nach gewünschter Stärke) bodennah geschnitten und verfeuert. Durch die regelmäßige Nutzung entstanden niedrige, vieltriebige und krumm verwachsene Baumgestalten, die sich teilweise bis in heutige Zeit erhalten haben.

Mittelwälder entsprachen den Niederwäldern, jedoch blieben einzelne Bäume stehen, die später für die Gewinnung von Bauholz oder für andere Zwecke, die stärkeres Holz erforderten, genutzt wurden. Diese Bäume erreichten jedoch nicht das Alter und die Größe wie in unseren heutigen **Hochwäldern,** da sie deutlich früher gefällt wurden.

Jahrtausenden intensiv genutzt und übernutzt wurde, sucht man echten Urwald heute vergebens. Allenfalls gibt es hie und da kleinflächige Waldbestände, die sich aus verschiedenen Gründen seit wenigen Jahrzehnten oder bestenfalls Jahrhunderten ungestört entwickeln dürfen und uns einen Eindruck davon vermitteln, wie solche Primärwälder einst ausgesehen haben könnten (s. S. 86).

Menschen beeinflussten die Waldentwicklung kaum, solange sie als Jäger und Sammler durch die Landschaft zogen. Das änderte sich, als sie allmählich zu sesshaften Ackerbauern und Viehzüchtern wurden und die Bevölkerung im Laufe der nächsten Jahrtausende anwuchs und für verschiedene Zwecke immer mehr Holz verbrauchte. Es entstanden zunehmend waldarme oder gänzlich waldfreie Heide- und Steppenlandschaften (s. S. 79). Besonders intensive Holzeinschläge erfolgten im Hochmittelalter, etwa in der Zeit von 800 bis 1300 n. Chr. Intensive Streunutzung und die verbreitete Waldweide, bei der Nutzvieh in (zu) großer Zahl in die Wälder getrieben wurde, trugen in erheblichem Maße zur Devastierung der Wälder bei. Nicht nur die Waldbeweidung selbst beeinflusste das Artenspektrum der Bäume: Zur Förderung der Eichelmast (s. S. 66) und zur Gewinnung von zusätzlichem Weideland drängten die Bauern schattige Buchenbestände zugunsten der lichten Eichenhaine zurück.

Wald und Wild – »The German Problem«

Wildlebende Tiere haben unter natürlichen Bedingungen einen erheblichen Einfluss auf die Strukturvielfalt im Wald und damit auch auf die Diversität von Gehölzen, krautigen Pflanzen, Insekten und Vögeln – eine Beziehung, die lange Zeit vor allem bei botanisch orientierten Wissenschaftlern kaum Beachtung fand. Vertreter der sogenannten Megaherbivoren-Theorie gehen davon aus, dass einstmals große Pflanzenfresser wie Wisent, Auerochse oder Waldwildpferd den Wald auflichteten und zumindest auf Teilflächen eine aufgelockerte halboffene Weidelandschaft schufen (s. S. 66).

Eine im nordrhein-westfälischen Rothaargebirge ausgewilderte Wisent-Herde zeigt das eindrücklich: Die Tiere wanderten über teils größere Entfernung und brachten durch starke Schälschäden an Buchenbeständen Waldbesitzer gegen sich auf. Sie zeigten damit ein natürliches Verhalten, das dazu führt, dass geschädigte Bäume kränkeln oder absterben und somit Licht auf den Waldboden fällt. Dadurch können Gräser und Kräuter sprießen, die den Wisenten als Nahrung dienen. Die mächtigen Wildrinder sind auch in der Lage, junge Bäume umzudrücken, um an das schmackhafte Laub zu gelangen. Die Tiere schaffen sich durch ihr Verhalten also immer wieder neue Weidegründe. Nebenbei entsteht morsches und totes Holz – Lebensgrundlage nicht nur für darauf angewiesene Insekten, sondern auch für Spechte und deren Nachmieter (s. S. 32). Das wissenschaftlich begleitete Wisent-Projekt führte zu gerichtlichen Auseinandersetzungen zwischen dem Trägerverein des Projekts und betroffenen Waldbesitzern bis vor den Bundesgerichtshof. Seit 2019 sind die Tiere im Zuge einer außergerichtlichen Einigung bis auf Weiteres großflächig eingegattert.

Einen großen Einfluss als Landschaftsgestalter im Wald hatte ursprünglich auch der Biber: Wo an Bächen der Wasserstand zu niedrig war, um die Eingänge zu seinen mächtigen Wohnburgen unter Wasser anzulegen, errichtete der große Nager Dämme aus Ästen, Zweigen und Schlamm, um das Wasser aufzustauen. Es entstanden ausgedehnte »Biberteiche«. Dort starben nässeempfindliche Bäume wie die Rotbuche großflächig ab, und wenn ein Biberdamm brach oder die Erbauer weiterzogen oder starben, entstanden »Biberwiesen« mit ähnlich reicher Vegetation und Tierwelt wie in den Flussauen. Dort fanden insbesondere Elche, Auerochsen und Rothirsche ergiebige Nahrungsgründe, die sie sicherlich über längere Zeit offenhielten.

Heute darf der Biber bei uns keine Wälder mehr überfluten, sind Wisent und Elch in freier Natur aus Mitteleuropa verschwunden, Wildpferd und Auerochse gar ausgerottet. Von den großen ursprünglich heimischen Weidetieren sind in Deutschland nur zwei Arten übrig geblieben: das Reh und der Rothirsch. Zusätzlich vom Menschen zu Jagdzwecken eingeführt wurden Damhirsch, Sikahirsch und Mufflon (ein Wildschaf).

Der Rothirsch trägt seinen Titel »König der Wälder« eigentlich zu Unrecht: Unter natürlichen Umständen ist er ein tagaktiver Bewohner offener oder halboffener Landschaften. Erst durch Jagddruck und ständige Störungen durch Menschen und ihre Hunde zog er sich in die Wälder zurück und wurde zum scheuen Nachtwesen. Jagdliches Interesse an möglichst vielen Tieren und möglichst starken Trophäen sowie die gesetzlich verankerte, aber häufig missverstandene Verpflichtung zur Hege mit der Fütterung (längst nicht nur) in winterlichen Notzeiten, verbunden mit der Ausrottung natürlicher Feinde (erst seit Kurzem kehren Luchs und Wolf in die heimischen Wälder zurück) führten zu einem dramatisch überhöhten Wildbestand.

Massive Baumschäden durch Verbiss und Schälen der Rinde sind die Folge. Hirsche und Wildschweine, gemästet durch Maismonokulturen auf umliegenden Äckern, vertilgen im Herbst einen Großteil der Eicheln und Bucheckern. Eine natürliche Waldverjüngung – Grundlage für eine ökologische Waldbewirtschaftung – kann fast nur noch hinter Wildschutzzäunen stattfinden. Dies gilt ganz besonders für Buche und Tanne, die beim Wild besonders beliebt sind. Ähnlich wie die frühere Überweidung des Waldes mit zu vielen Haustieren erhöht das Fraßverhalten zu vieler pflanzenfressender Wildtiere nicht die ökologisch wünschenswerte Strukturvielfalt im Wald, sondern führt zum Kollaps der ohnehin degradierten Forstbestände.

Es war der US-amerikanische Forstmann und Wildbiologe Aldo Leopold (1887 – 1948), dem nach einem Besuch deutscher Wälder 1936 als Erstem die Absurdität unseres Forst- und Jagdwesens aufgefallen war. Gekommen, um im Land seiner Vorfahren das weltweit gerühmte Nachhaltigkeitskonzept zu studieren, fielen seine Eindrücke ernüchternd aus: Eine zur Holzzucht in gleichaltrigen Nadelforsten verkommene Forstwirtschaft züchte in ihren sterilen »Holzfabriken« große pflanzenfressende Tiere für die Jagd in unnatürlich hoher Zahl – ein Umstand, den er als »The German Problem« beschrieb. Doch lernte er bei seinem Deutschland-Besuch auch die Idee der Dauerwaldbewirtschaftung kennen, die ihn begeisterte. Leopold, selbst Jäger, zog nach seiner Rückkehr in die USA grundlegende Schlüsse aus seinen Beobachtungen, setzte seine Erkenntnisse in die Praxis um und wurde zum Begründer eines ökologisch orientierten Wildtier-Managements. Er gilt auch als Vater der Wildnis-Idee und ist für seine Land-Ethik berühmt.

Und in Deutschland? Hier scheitert eine nachhaltige Lösung des »German Problem« bislang an überkommenen Vorstellungen des etablierten Forstwesens auf der einen Seite und andererseits am erbitterten Widerstand einer einflussreichen Jagdlobby.

In den darauffolgenden Jahrhunderten, als mehrere Pest-Epidemien und die Verheerungen des Dreißigjährigen Krieges (1618 – 1648) zu einem drastischen Bevölkerungsrückgang führten, konnten sich die Waldbestände etwas erholen. Ab 1650 führte ein starker Anstieg der menschlichen Bevölkerung zur Gründung neuer Siedlungen und schnell wachsender Städte sowie zu einem Aufblühen des Seehandels mit entsprechendem Holzbedarf für Häuser, Schiffe und Brennmaterial. In der Folge kam es durch ungezügelten Raubbau am Wald bald zu einer dramatischen Verknappung des Rohstoffes Holz. Als Reaktion darauf veröffentlichte der sächsische Oberberghauptmann Hans Carl von Carlowitz (der in dieser Funktion auch für die ausreichende Holzversorgung des Untertage-Bergbaus im Erzgebirge zuständig war) im Jahr 1713 sein Werk »Sylvicultura oeconomica«, in dem er erstmals die Grundlagen einer geregelten Forstwirtschaft mit einer nachhaltigen Nutzung der Waldbestände entwickelte. Seitdem hat das Prinzip der Nachhaltigkeit – zumindest theoretisch – Eingang in viele Lebensbereiche gefunden.

Mitte des 19. Jahrhunderts ersetzte fossile Kohle zwar zunehmend das Holz als Energieträger, gleichzeitig löste aber die beginnende Industrialisierung weiteren Holzbedarf aus. Die durch Übernutzung der Wälder großflächig entstandenen Heiden und sonstige Freiflächen wurden daher planmäßig mit schnellwüchsigen Nadelbaumarten aufgeforstet. Gleiches geschah in den Jahren nach dem Zweiten Weltkrieg, als das besiegte Deutschland umfangreiche Reparationsleistungen an die alliierten Siegermächte zu erbringen hatte – dies häufig in Form von wertvollem Stammholz. Diese sogenannten Reparationshiebe sowie die in den Notzeiten der Kriegs- und Nachkriegsjahre, besonders im »Jahrhundertwinter« 1946/47, von der Bevölkerung geplünderten Wälder machten ebenfalls umfangreiche Aufforstungen erforderlich, um der Holzknappheit zu begegnen.

Auf devastierten, ausgelaugten Böden kam am besten (oftmals als einzige Baumart überhaupt) die Waldkiefer (s. ab S. 78) zurecht, ansonsten avancierte die Fichte (s. ab S. 10 und S. 92) zum »Brotbaum der Förster«. Sie ermöglicht schnellen Ertrag bei verhältnismäßig geringem Pflegeaufwand und somit hohe Rentabilität.

Landauf, landab wuchsen nun Nadelholzplantagen in gleichförmigen Altersklassenbeständen anstelle der von Natur aus vorhandenen ungleichaltrigen, vielschichtig strukturierten Laubmischwälder. Endgültig wurden Wälder zu künstlichen Forsten. Aus der ursprünglichen Notlösung wurde bald ein ehernes Prinzip der Forstwirtschaft: Noch in den 1970er-Jahren wurde großflächig Buchenwald eingeschlagen und durch monotone, für eine maschinelle Ernte optimierte Fichtenplantagen ersetzt. Riesige, tonnenschwere Holzerntemaschinen, sogenannte

In der Vergangenheit wurden vielerorts naturnahe
Buchenwälder in Fichtenmonokulturen ungewandelt.

Harvester, fällen, entasten und entrinden die in Reih und Glied stehenden Bäume, zersägen sie in Stücke von exakt gleicher, gewünschter Länge – im Minutentakt. Der Vergleich mit industrieller Massentierhaltung und Schlachtung drängt sich auf. Die entstandenen großen Kahlschläge wurden wiederum mit genetisch genormten Fichtensämlingen aus der Forstbaumschule aufgeforstet. Mit Wald im ökologischen Sinne hatte und hat dies nicht das Geringste zu tun. Es entstanden naturferne »Holzäcker«, die möglichst schnell möglichst viel Holz und damit wirtschaftlichen Ertrag liefern sollten.

Die Industrialisierung der Holznutzung – angefangen mit der Entwicklung leistungsfähiger Motorsägen bis hin zu automatisierten Sägewerken – hatte zugleich eine Abkehr von der früheren Niederwald- und Mittelwaldnutzung eingeleitet. Hatten Axt und Handsäge die Dimensionen der zu nutzenden Bäume begrenzt, erfordert der rationelle Einsatz der modernen Maschinen geradezu möglichst große, starke, gleichmäßig gewachsene Bäume. Erstmals seit vielen Jahrhunderten der Holznutzung wandelte sich der Baumbestand zum heutigen Hochwald. Riesige Kahlschläge, wie noch vor wenigen Jahrzehnten üblich, gehören heute in Deutschland allerdings weitestgehend der Vergangenheit an.

Beständig ist nur der Wandel

Das Ziel progressiver Forstleute und Waldökologen ist eine sogenannte Dauerwaldbewirtschaftung mit Naturverjüngung. Das bedeutet, dass eine Holznutzung ohne größere Kahlschläge gleichaltriger Monokulturen und überwiegend ohne anschließende Wiederaufforstung mit den gewünschten Baumarten erfolgt. Stattdessen werden einzelne hiebreife Stämme entnommen (»Plenterschlag«) oder aber kleine Gruppen von Bäumen (»Femelschlag«). Aus ökologischer Sicht ist der Femelschlag sinnvoller, da dabei kleine Lichtungen entstehen, auf denen sich Gräser, Kräuter und Pionierbäume entwickeln können, die wiederum für mehr Artenvielfalt im Wald sorgen. Das entspricht den natürlichen Verjüngungsstrategien eines naturbelassenen Waldes: Diese können je nach Baumart, Standort und äußeren Einflüssen sehr unterschiedlich sein – vom Nachwachsen einzelner Jungbäume in »Lichtschächten« gefallener Baumriesen (s. S. 86) über unterschiedliche Baumgesellschaften im unregelmäßigen raum-zeitlichen Zyklus (Mosaik-Zyklus-Theorie, s. S. 31) bis hin zu einer »Katastrophen-Verjüngung« durch Feuereinflüsse (s. ab S. 83), Windwurf oder eine Massenentwicklung von schädigenden Insekten (s. S. 94).

Eine solche Neubewaldung nach großflächig wirksamen Katastrophen kann für kürzere oder längere Zeit zu völlig neuen Waldgesellschaften mit anderen Hauptbaumarten als zuvor führen. Auch Tiere beeinflussen das Waldbild. So können beispielsweise Biber durch Aufstau eines Waldbaches einen Buchenwald fluten, an dessen Stelle dann Weidengebüsch und später vielleicht ein Erlenbruchwald wächst – der nach Austrocknen des Bodens irgendwann wieder vom Buchenwald oder von einer anderen Waldgesellschaft abgelöst wird.

Was wir bei der Betrachtung eines Waldes wahrnehmen, ist also nur eine Momentaufnahme in einer sehr langfristigen Dynamik. Die in den vorangegangenen Kapiteln vorgestellten Waldgesellschaften und Ausprägungen sind jeweils nur ein Teil des Gesamtsystems Wald. Diese dynamische Betrachtung steht im scharfen Gegensatz zu der statischen Definition von Klimaxgesellschaften, wie sie noch vor wenigen Jahrzehnten gelehrt wurde und auch heute noch in vielen Köpfen verankert ist. Danach sollte sich auf einem gegebenen Standort und unter gegebenen Klimaverhältnissen eine bestimmte Waldgesellschaft als Klimaxvegetation, also als Schlussgesellschaft, einstellen. Auf den meisten Standorten in Deutschland wäre das nach dieser Vorstellung der Buchenwald.

Doch wie alles in der Natur ist auch der Wald in stetem Wandel und umfasst einen Mix aus unterschiedlichen Baumarten, Baumgesellschaften und Reifestadien – von der Lichtung über die Dickung und den dichten, dunklen Wald in der Optimalphase bis zum zusammenbrechenden Bestand in einem ewigen Kreislauf. Manchmal scheinbar regelhaft, manchmal chaotisch und unvorhersehbar. Der »Dauerwald« nach Försterart sollte also wenigstens einen Teil dieser Dynamik zulassen oder gezielt fördern, ansonsten wäre er ein ebensolches Kunstprodukt wie ein Fichtenstangenforst – im Vergleich zu diesem allerdings von wesentlich naturnäherer Anmutung.

Mittlerweile ist das naturferne »Geschäftsmodell« der maschinengerechten Nadelholz-Plantagen gründlich ins Wanken geraten. Bereits in den 1980er-Jahren sorgten Berichte über das »Waldsterben« für anhaltende Schlagzeilen: Schwefelhaltige Abgase aus Braunkohle-Kraftwerken, Industrie und Verkehr führten zum »Sauren Regen«, der auf vielfältige Weise die Bäume schädigte. Vorrangig betroffen waren Nadelbäume. Vor allem in den Hang- und Kammlagen der Mittelgebirge starben ganze Bestände großflächig ab. Aufwändige Filteranlagen und der serienmäßige Einbau von Katalysatoren in Kraftfahrzeuge konnten zwar das Problem des »Sauren Regens« stoppen, doch Wald und Forst geht es mittlerweile schlechter denn je: Vivian, Wiebke, Lothar, Kyrill – so lauten die Namen einiger der schwersten Stürme, die Deutschland und die angrenzenden Länder seit Beginn der 1990er-Jahre heimsuchten und riesige Forstbestände binnen weniger Minuten in ein Schlachtfeld verwandelten. Allein dem Orkan »Kyrill« fielen im Januar 2007 rund 60 Millionen Bäume zum Opfer. Besonders betroffen waren Fichten. Forstbetriebe und private Waldbesitzer erlitten schwere finanzielle Verluste, für einige bedeutete es den Ruin. Denn der Preis für das Sturmholz fiel wegen des schlagartigen Überangebots auf ein Rekordtief, die Erlöse reichten oft kaum aus, um die Kosten für die Holzbergung zu finanzieren – geschweige denn eine Neuaufforstung.

Für die Betroffenen zweifellos eine wirtschaftliche Katastrophe – für Ökologen jedoch eine Katastrophe mit Ansage: Denn seit vielen Jahrzehnten waren Fichten – Bäume, die viel Wasser benötigen und ein kühles Klima lieben – wahllos auf unterschiedlichste Standorte gepflanzt worden, nicht wenige davon grundsätzlich ungeeignet für Fichten, und oft auf Böden, die durch die schweren Harvester oder vorherige landwirtschaftliche Nutzung verdichtet waren und kaum mehr Wasser speichern konnten. Die Baumsetzlinge stammten aus Forstbaumschulen, wo ihnen zur Erzielung eines möglichst kompakten Wurzelballens im Rahmen der »Verschulung« beim Umpflanzen regelmäßig die Wurzeln gekappt werden.

Ein Baum mit kaputtem Wurzelwerk in kaputten Boden gesetzt – das führt unweigerlich zu einem besonders flachen Wurzelteller, der starken Windböen nicht standhalten kann. Doch damit nicht genug: Die extremen Dürresommer der letzten Jahre machen nicht nur Fichten zu schaffen. Die Bäume vertrocknen, gleichzeitig begünstigen die anhaltend hohen Temperaturen eine Massenvermehrung von Borkenkäfern und anderen potentiell schädigenden Insekten (s. S. 94).

Es ist klar, dass die Fichte auf absehbare Zeit als Forstbaum in Deutschland keine Chance mehr hat, zumal anhaltende sommerliche Dürreperioden und schwere Stürme im Zuge des Klimawandels zunehmen werden. Aus ökologischer Sicht eine große Chance zum Waldumbau, hin zu naturnahen Laubmischwäldern mit einer standortgerechten Mischung aus unterschiedlichen Baumarten, auch Nadelbäumen. Diese Entwicklung wurde in den vergangenen Jahrzehnten zwar durchaus in immer mehr Forstrevieren auf mehr oder weniger großen Teilflächen und unter Berücksichtigung standörtlicher und regionaler Unterschiede eingeleitet, doch noch bleibt sehr viel zu tun.

Eine neue Waldallianz

Im Februar 2020 wurde in Berlin auf Anregung von Greenpeace Deutschland eine »Wald-Allianz« gegründet. Sie besteht aus einer Gruppe von rund 20 waldkompetenten Organisationen und Privatleuten, die den dringend notwendigen Paradigmenwechsel hin zu einer naturnahen Dauerwald-Bewirtschaftung durch den praktischen Beweis ihrer ökologischen und ökonomischen Vorteilhaftigkeit voranbringen wollen.

Dazu sollen auf ausreichend großen eigenen Waldflächen (mindestens 75 Hektar als Voraussetzung für die Eigenjagd) entsprechende Maßnahmen umgesetzt und ihre Praxistauglichkeit unter Beweis gestellt werden: Wesentliche Grundsätze sind das Zulassen und Unterstützen natürlicher, dynamischer Prozesse in heimischen Waldökosystemen und die Minimierung von Störungen durch gestaltende oder bewirtschaftende Eingriffe. Standortferne, degradierte Forsten sollen durch individuelle Maßnahmen zu naturnahen, anpassungsfähigen Wäldern entwickelt werden. Das übergeordnete Ziel der Wald-Allianz sind naturnahe und anpassungsfähige Dauerwälder, die zugleich als Modellwälder zur Begutachtung und Diskussion innerhalb eines »lernenden Netzwerkes« dienen können und sollen.

Seit der Jahrtausendwende hat sich der Konflikt zwischen Ökonomie und Ökologie, zwischen Forstwirtschaft und Naturschutz, deutlich zugespitzt (ungeachtet einer häufig konstruktiven Zusammenarbeit lokaler Akteure, zum Beispiel bei konkreten Schutzprojekten für bedrohte Vogelarten). Zu stark ist in Zeiten einer steigenden Holznachfrage im Zuge alternativer Energieerzeugung und erhöhter Bautätigkeit das Primat der Holzproduktion mit dem Zwang zur Gewinnmaximierung, unterstützt durch eine zunehmende Umwandlung staatlicher Forstämter in privatwirtschaftlich organisierte Betriebe. Vergessen scheint die Entscheidung des Bundesverwaltungsgerichts aus dem Jahr 1990, dass in den Wäldern und Forsten der öffentlichen Hand der Erfüllung der zahlreichen Wohlfahrtswirkungen Vorrang vor Wirtschaftsinteressen einzuräumen sei. Von ökologischer Waldbewirtschaftung wollen weite Teile der Forstverwaltungen bislang nichts wissen, stattdessen soll die bisherige naturferne Forstwirtschaft noch stärker intensiviert werden, mit kürzeren Umtriebszeiten und vermehrter Kultur nichtheimischer Baumarten.

Derzeit scheinen viele Forstleute auf Exoten wie Baumhasel, Esskastanie (Marone) oder gar die Libanonzeder zu setzen. Diese kommen aufgrund ihrer mediterranen Herkunft mit Hitze und Trockenheit zwar grundsätzlich besser zurecht als etwa die Fichte. Heimische Tierarten sind jedoch nicht an diese Bäume angepasst. Schon aus diesem Grund lassen sich solche Baumarten nicht ohne Weiteres in heimische Waldökosysteme integrieren. Bereits jetzt ist die Zahl der aus anderen Regionen zur forstlichen Nutzung eingeführten Bäume – darunter Roteiche, Douglasie, Sitkafichte, Weymouthkiefer, Japanische Lärche und Küstentanne – weit höher als die Zahl der heimischen Hauptbaumarten. Die Forstwirtschaft und auch die Forstwissenschaft scheinen hier buchstäblich auf dem Holzweg.

Nicht eben leichter macht es die Tatsache, dass sich das deutsche Forstwesen im Laufe seiner langen Geschichte zu einem streng hierarchisch organisierten, nach außen hin hermetisch abgeschotteten »Staat im Staate« entwickelt hat, das sich einer Einflussnahme durch externe Fachleute oft strikt verweigert. Selbst Pioniere in den eigenen Reihen, die mustergültigen und wirtschaftlich durchaus profitablen ökologischen Waldbau betreiben, werden häufig immer noch – zurückhaltend ausgedrückt – sehr kritisch beäugt. Angesichts der rigorosen Kahlschlagswirtschaft in manchen anderen Ländern (vor allem in den tropischen Regenwäldern, aber auch in Teilen Skandinaviens und Osteuropas, in Sibirien und Nordamerika) erfolgt die forstliche Nutzung in Deutschland heutzutage zwar vergleichsweise schonend und nachhaltig – dennoch stehen Forstwirtschaft und Jagd hinter der

Landwirtschaft auf Platz 2 der Hauptgefahren für die hiesige Artenvielfalt. Die »ordnungsgemäße Forstwirtschaft« dient eben nicht zugleich dem vielfältigen Wohlfahrtswirken des Waldes und dem Waldnaturschutz. (Eine gute Übersicht über den Wald im Widerstreit der Interessen geben z. B. Knapp et al. 2021.)

Bereits jetzt erweisen sich naturnahe, mehrschichtig strukturierte Laubmischwald-Bestände aus heimischen Arten als wesentlich resistenter gegenüber Wetterextremen und Schädlingsbefall als forstliche Monokulturen gleich welcher Baumart. Nicht nur am Beispiel Nationalpark Bayerischer Wald zeigt sich, dass die Natur auf mitunter radikale Weise auch mit vermeintlichen Katastrophen klarkommt. Allerdings: Sollte sich der Klimawandel mit all seinen Auswirkungen – steigende Durchschnittstemperaturen, Zunahme der Stürme, anhaltende Dürreperioden und insgesamt veränderte Niederschlagsmuster – weiterhin ungebremst fortsetzen und gleichzeitig kein radikales Umsteuern in der Forstwirtschaft erfolgen, mag vielleicht ein anderes Szenario realistisch sein: Möglicherweise wird es Wald und Forst, wie wir sie kennen, in einigen Jahrzehnten nicht mehr geben. Stattdessen werden sich lichte Waldsteppen ausbreiten, wie sie der Raubbau vergangener Jahrhunderte erzeugte.

Es reicht nicht, hie und da nur kleinflächige Naturwaldreservate auszuweisen, auch nicht größere Nationalparke wie im Bayerischen Wald, in der Eifel oder im Schwarzwald: Ein naturgemäßer Waldumbau muss auf ganzer Fläche erfolgen und eine möglichst große genetische Variationsbreite aller Arten ermöglichen, um den deutschen Wald »zukunftsfähig« zu machen und um seine Leistungsfähigkeit – nicht nur die zur Holzproduktion – nachhaltig zu gewährleisten. Dazu gehört auch seine Anpassungsfähigkeit als Lebensraum für all seine Bewohner an sich ändernde Umweltbedingungen. Das kann nur durch ein Zusammenspiel aller relevanten gesellschaftlichen Kräfte gelingen – und im Zusammenspiel mit der Natur, nicht gegen sie.

Die Zeit drängt. Das Ringen um Kompetenzen muss einem Ringen um geeignete Konzepte weichen. Denn wie könnten wir von Ländern wie Brasilien, Indonesien oder dem Kongo verlangen, dass diese ihre Primärwälder mit ihrer einzigartigen Biodiversität schützen (von deren Ausbeutung die Europäer wirtschaftlich stark profitieren), wenn wir selbst es nicht schaffen (wollen), unsere geschundenen Wälder in einen naturnäheren Zustand zu bringen? Ausreichender Holzvorrat in künstlichen Forsten und dessen nachhaltige Nutzung dürfen nicht verwechselt werden mit ökologisch intakten Wäldern!

Ein Teil der deutschen Waldfläche sollte ganz aus der forstlichen Nutzung genommen werden. Diese Reservate könnten Lern- und Erlebnisorte sein, in denen sich unter anderem studieren ließe, wie sich der Wald unbeeinflusst vom Menschen entwickeln und an den Klimawandel anpassen würde. Insbesondere wäre die Frage interessant, welche Baumarten unter welchen Bedingungen natürlicherweise mit steigenden Temperaturen und veränderten Niederschlägen am besten klarkommen würden. So könnten Forstleute viel besser und zielgerichteter für die Zukunft planen, ohne eine unsichere Wette auf nichtheimische Baumarten eingehen zu müssen. Bereits 2007 hatte die Bundesregierung das ohnehin schon bescheidene Ziel verkündet, bis zum Jahr 2020 fünf Prozent der nichtprivaten Wälder einer natürlichen Entwicklung zu überlassen – ein Ziel, das, leider nicht überraschend, deutlich verfehlt wurde. Dabei könnte neue Waldwildnis zum Nulltarif entstehen, und das ganz ohne das Zutun der Förster. Oder, wie der große deutsche Humorist Wilhelm Busch (1832 – 1908) einst dichtete: »Wie gut hat es die Forstpartie, wächst doch der Wald auch ohne sie.«

Und wie geht es den gefiederten Protagonisten, den Vögeln des Waldes, mit alledem? Davon soll im letzten Kapitel dieses Buches die Rede sein.

Buchenzweig

Wie geht es unseren Waldvögeln?

In den vorangegangenen Kapiteln wurden für jeden der beschriebenen Lebensräume Vogelarten vorgestellt, die dort in den für die Betrachtung ausgewählten Jahreszeiten besonders auffällig, typisch oder charakteristisch sind. Sie stehen stellvertretend für eine bestimmte Lebensgemeinschaft von Vögeln (Avizönose).

Manchen Vogelarten kann man nur in bestimmten Lebensräumen begegnen, sie sind Spezialisten. Beispiele hierfür sind der **Weißrückenspecht,** der auf urwüchsige, alte Laubwälder mit einem hohen Angebot an starkem Totholz angewiesen ist, die **Nachtschwalbe,** die als »Störungszeiger« Waldbrandflächen im lichten Kiefernwald besiedelt, oder **Fichtenkreuzschnabel** und **Sperlingskauz,** die nahezu ausschließlich in Fichtenbeständen brüten. Den Spezialisten stehen die Generalisten gegenüber. Dies sind Arten, denen man aufgrund ihrer Anpassungsfähigkeit in einer Reihe verschiedener Waldtypen begegnen kann, oft auch in Gärten und Parks. Dazu zählen etwa der **Buchfink,** der **Buntspecht** oder Besiedler des Unterholzes wie **Rotkehlchen** und **Zaunkönig.**

Von wenigen Ausnahmen abgesehen, sind die bei uns heimischen Vögel weniger an bestimmte Gehölzarten gebunden (allenfalls allgemein an Laubbäume oder Nadelgehölze) als vielmehr an bestimmte Strukturen von Bäumen oder bestimmte Ausprägungen und Stockwerke von Waldlebensräumen.

So bevorzugen Vogelarten, die in Rindenritzen stochern, wie **Kleiber, Gartenbaumläufer** oder **Mittelspecht,** Baumarten mit entsprechend ausgeprägter Borke. Vögeln des Kronenbereichs wie dem **Pirol** stehen Gebüschbrüter wie die **Gartengrasmücke** gegenüber. Nicht selten bestehen nur scheinbare Abhängigkeiten von bestimmten Faktoren. Ein gutes Beispiel hierfür ist die **Nachtigall:** Man findet sie häufig in Wassernähe, etwa in Auwäldern oder an Grabenrändern. Doch ist es nicht das Wasser, das sie anlockt: Vielmehr findet sie an solchen Orten häufig genau die Lebensraumstrukturen, die sie benötigt, nämlich mehrstufig geschichtete, heckenartige Gebüsche. Sind diese strukturellen Ansprüche erfüllt, kann man der Nachtigall auch weitab vom Wasser begegnen, mitunter sogar am Rande eines staubtrockenen Parkplatzes mitten in der Stadt.

Das Vorkommen oder Fehlen von Vogelarten wird von zahlreichen Faktoren beeinflusst: Neben dem passenden Lebensraum, einem ausreichenden Nahrungsangebot und geeigneten Brutmöglichkeiten spielen auch Konkurrenz und Räuber-Beute-Beziehungen eine Rolle. So profitieren etwa Höhlenbrüter wie **Meisen, Kleiber** und **Stare** von einer hohen Dichte höhlenbauender **Spechte.** Gleichzeitig konkurrieren die einzelnen Arten untereinander und die Individuen miteinander um die besten Bruthöhlen. Zudem wird ihr Vorkommen beeinflusst von natürlichen Feinden wie Marder, Waschbär, **Sperber** oder **Waldkauz.** Der Siebenschläfer tritt sowohl als Konkurrent um die Requisite »Baumhöhle« in Erscheinung als auch als Prädator (Beutegreifer), der besonders Eier und Jungvögel vertilgt.

Im vorigen Kapitel wurde in knappen Zügen dargestellt, wie sich ein natürlicher Wald aus sich heraus verändern kann und wie zum anderen der Mensch durch Holznutzung und (frühere) Waldweide, durch Jagd und Hege sowie durch gezielte Pflanzungen den Charakter des Waldes und die Zusammensetzung der dominierenden Baumarten auf unterschiedliche Weise prägte und bis heute beeinflusst. All dies hatte und hat selbstverständlich grundlegende Auswirkungen auch auf die Vogelwelt. Diese sollen im Folgenden schlaglichtartig dargestellt werden, zur Vertiefung sei auf die detaillierte und höchst aufschlussreiche Auswertung umfangreicher, jahrzehntelanger Untersuchungen von Gatter & Mattes (2018) verwiesen.

Kuckuck, Kuckuck, ruft's aus dem Wald

1835 schrieb August Heinrich Hoffmann, besser bekannt als Hoffmann von Fallersleben, dieses sehr bekannte Kinderlied. Die Textzeile »Kuckuck, Kuckuck, ruft's aus dem Wald« ist ein deutlicher Hinweis auf das ehemals häufige Vorkommen dieses Vogels und das Landschaftsbild zu jener Zeit: Er bewohnt reich strukturierte, halboffene Landschaften mit Hecken, Büschen und lichten Waldinseln sowie stark aufgelichtete Wälder, wie sie zu damaliger Zeit vorherrschten. Dort lebt die Mehrzahl seiner bevorzugten Wirtsvögel, denen er als Brutschmarotzer die Aufzucht seiner Jungen überlässt. In geschlossenen, schattigen Hochwäldern sucht man den Kuckuck vergeblich. Heutzutage zählt der Kuckuck in Deutschland zu den gefährdeten Brutvogelarten, die meisten Kinder kennen diesen Vogel nur noch aus Liedern und Geschichten.

Die lichten, intensiv genutzten Wälder der Vergangenheit (s. S. 149) ähnelten eher einer Waldsteppe oder Parklandschaft – das zeigen auch Gemälde aus jener Zeit. Detaillierte Aufzeichnungen zur damaligen Vogelwelt gibt es kaum, aber die gut bekannten Lebensraumansprüche der einzelnen Arten und ein Vergleich mit den Vogelgemeinschaften entsprechender Landschaften aus heutiger Zeit lassen Rückschlüsse zu: Zu den Charakterarten der halboffenen, teils verbuschten Waldlandschaft dürften demnach beispielsweise **Gartenrotschwanz, Grauschnäpper, Baumpieper** und **Heidelerche** gehört haben. Typische Waldvögel wie **Spechte** (vielleicht mit Ausnahme des Buntspechts), **Buchfink, Amsel** und **Singdrossel** fanden hingegen kaum geeignete Lebensräume. Besonders in den intensiv genutzten Mittel- und Niederwäldern wird es zudem an Baumhöhlen gemangelt

Wie der Borkenkäfer selten gewordene Vogelarten fördert

Im Nationalpark Bayerischer Wald führte eine Massenentwicklung von Borkenkäfern zu einem großräumigen Zusammenbruch der Bergfichten-Bestände (s. S. 94). Die unbeeinflusste Entwicklung dieser »Katastrophenflächen« wurde wissenschaftlich dokumentiert, dazu zählten auch die Auswirkungen auf die Vogelwelt.

Die Massenentwicklung der Borkenkäfer hatte zunächst eine starke Vermehrung des auf diese Insekten spezialisierten **Dreizehenspechts** (und anderer Spechtarten) zur Folge, eines typischen Bewohners alter Bergfichtenwälder und hierzulande normalerweise fast ebenso selten wie der Weißrückenspecht. Von einem entsprechenden Angebot an Spechthöhlen in den sich lichtenden Wäldern profitierten besonders der **Gartenrotschwanz** und der **Sperlingskauz.** Gleichzeitig führte der zunehmende Nadelverlust in den Baumkronen dazu, dass Kleinvögel wie **Tannenmeise, Haubenmeise** und **Fichtenkreuzschnabel** Deckung und Lebensraum verloren. Andere Arten stellten sich ein: Die sonnigen Lichtungen mit guter Deckung durch aufwachsende Vegetation und Totholzverhauen am Boden bieten Bodenbrütern wie **Baumpieper, Zilpzalp** und **Waldlaubsänger** neue Lebensmöglichkeiten. Eine vielfältige Insektenfauna profitiert ebenfalls von Sonne, Wärme und Blütenreichtum und bietet diesen und vielen anderen Kleinvögeln ein hervorragendes Nahrungsangebot. Nach und nach werden sich die charakteristischen Artengemeinschaften der Vögel in den verschiedenen Stadien der Waldentwicklung (wieder) herausbilden – ein Prozess, der viele Jahrzehnte und Jahrhunderte andauern wird und unter natürlichen Bedingungen nie zu einem definierten Ende kommt (s. auch S. 31).

Der Dreizehenspecht ernährt sich am liebsten von Borkenkäfern und ihren Larven.

haben, daher waren dort sicher auch **Meisen** und **Kleiber** viel seltener als heute. Anders in den Hutewäldern mit ihren lichten Hainen aus alten Eichen, die auch ideale Lebensbedingungen für **Trauerschnäpper, Wiedehopf, Grünspecht** und **Wendehals** boten. Die besonders in Norddeutschland ab Mitte des 18. Jahrhunderts angelegten Dornhecken (s. S. 67) förderten eine Reihe von Gebüschbrütern, wie **Neuntöter, Dorngrasmücke, Bluthänfling** und **Goldammer.**

Mit der Entwicklung dichter, dunkler, geschlossener Hochwälder nahmen die Bestände typischer Waldarten, meist Standvögel oder Kurzstreckenzieher, stark zu. Einen dramatischen Wandel bewirkte die zunehmende Pflanzung von Nadelbäumen. Besonders die künstliche, großräumige Ausbreitung der Fichte, die vordem in Deutschland nur in den Hochlagen der Alpen und mancher Mittelgebirge natürlicherweise vorkam, erschloss vielen Vogelarten der Nadelwälder neue Lebensräume bis ins Flachland. Zu ihnen zählen **Tannenmeise, Haubenmeise, Wintergoldhähnchen, Waldbaumläufer, Erlenzeisig, Fichtenkreuzschnabel** und **Sperlingskauz.** Mischpflanzungen aus Laub- und Nadelbäumen, etwa Buche und Fichte, erwiesen sich als attraktiv für **Schwarzspecht** und **Raufußkauz.** Selbst ursprüngliche Bewohner des Laubwaldes profitieren: Jüngere Nadelholzdickungen bieten perfekte Neststandorte etwa für **Heckenbraunelle, Klappergrasmücke, Grünfink** und **Gimpel.** Generalisten wie **Buchfink** und **Ringeltaube** brüten früh im Jahr, wenn die noch kahlen Laubbäume keine ausreichende Deckung für die Nester bieten, bevorzugt in Nadelgehölzen und steigern so ihren Gesamtbruterfolg. Die Samen der Nadelbäume bieten zudem vielen Vogelarten ein zusätzliches Nahrungsangebot, gerade im Winterhalbjahr.

Überhaupt hat das Nahrungsangebot im Wald für die Samenfresser drastisch zugenommen: Laubbäume werden heute in wesentlich höherem Alter genutzt als in historischen Zeiten. So können viele von ihnen bereits reichlich Samen ausbilden. Und anders als früher, als Eicheln, Bucheckern und Nüsse fast vollständig von Menschen und ihrem Vieh genutzt wurden, steht dieses Angebot jetzt den Tieren des Waldes und damit auch den Vögeln zur Verfügung. Nicht nur heimische Standvögel profitieren durch bessere Überlebenschancen im Winter, sondern auch Wintergäste aus dem Norden wie etwa **Bergfinken,** was wiederum auch deren Vermehrung in ihren Brutgebieten begünstigt.

Auf der Verliererseite stehen die Bewohner lichter Wälder, überwiegend insektenfressende Langstreckenzieher. Sie verschwanden zunehmend, viele dieser Arten sind heute bei uns in ihrem Bestand bedroht. Oft werden hierfür die Auswirkungen des Klimawandels hauptverantwortlich genannt. Sicher spielen diese eine zunehmend bedeutsame Rolle, der Hauptgrund für ihr Seltenwerden ist aber vornehmlich in der Änderung der Waldstruktur zu sehen. Das legen auch Beobachtungen der Vogelwelt während der Wiederbewaldung ungeräumter Sturmwurf-Flächen nahe: In den aufwachsenden Pioniergebüschen und Vorwaldstadien waren beispielsweise **Fitis** und **Gartengrasmücke,** beide ebenfalls mit insgesamt deutlich rückläufiger Bestandsentwicklung, sehr häufig. Mit zunehmendem Kronenschluss verschwanden sie, andere Arten stellten sich ein.

Zusammengenommen haben Hochwaldwirtschaft und die künstliche Verbreitung von Nadelgehölzen die Zusammensetzung und Populationsentwicklung der Vogelwelt mitteleuropäischer Wälder extrem geprägt und verändert. Wie sich eine zukünftige Waldbewirtschaftung und der Klimawandel auswirken werden, bleibt abzuwarten.

Im herkömmlich genutzten Wirtschaftsforst werden Bäume bereits im Laufe der Optimalphase gefällt. Die Plenterphase, in der einzelne Altbäume absterben, und erst recht die Zerfallsphase eines alten Bestandes fallen vollkommen aus – und damit die Entwicklungsstadien, die die größte Biodiversität ermöglichen. Es sind gerade die Uralt-Bäume, die eine große Vielfalt an Höhlen, Rindentaschen und anderen Mikrohabitaten ausbilden und damit auch für zahlreiche Vogelarten (sowie eine Vielzahl weiterer Organismen wie Fledermäuse, Insekten und Pilze) interessant sind. Ihr Zusammenbruch – ob wegen Überalterung, Sturmwirkung, Feuer oder Insektenkalamitäten – führt zu Lichtungen und Erneuerung.

Manche Vogelarten sind gerade auf solche Zerfallsstadien oder ein enges räumliches Nebeneinander verschiedener Stadien im Zyklus eines Waldes angewiesen, wie sie nur in Naturwäldern oder in vom Menschen weitgehend unbeeinflussten Wäldern in ausreichender Fläche zu finden sind. Solche »Urwaldarten« wie **Auerhuhn, Habichtskauz** und **Weißrückenspecht** können daher in »normalen« Wirtschaftswäldern und Forsten nicht überleben, sie zählen mittlerweile zu den absoluten Raritäten in der heimischen Vogelwelt. Auch aus diesem Grunde sollte ein ausreichend großer Teil der Waldflächen aus der forstlichen Nutzung genommen und der natürlichen Entwicklung überlassen werden.

Schaut man sich die Liste der 20 häufigsten Brutvogelarten Deutschlands an (vgl. Gerlach et al. 2019), so gehören 17 von ihnen zu den Waldvögeln. Eine weitere Art, die **Goldammer,** brütet als Bewohnerin halboffener Landschaften in Hecken und an sonnigen Waldrändern, auch in Pioniergebüschen auf großen Lichtungen und »Katastrophenflächen«. Lediglich **Haussperling** und **Feldlerche** haben als ehemalige Steppenvögel keinen Lebensbezug zum Wald.

Diese positive Situation vieler Waldvögel ist maßgeblich mitbedingt durch die Verstädterung: Viele Arten zieht es aus dem (häufig naturfernen) Umland in die durchgrünten Städte. Dieser Prozess begann bei einigen Arten wie der **Amsel** bereits vor 150 bis 200 Jahren und ist in Mitteleuropa längst abgeschlossen, bei anderen Arten hält er noch an. Längst haben ursprüngliche Waldvögel wie **Ringeltaube, Gartenbaumläufer, Buntspecht, Kleiber** oder **Tannenmeise** die Städte in teils ungeahntem Tempo und Ausmaß erobert. Auch **Eichelhäher, Zaunkönig, Rotkehlchen, Heckenbraunelle, Zilpzalp** und **Mönchsgrasmücke,** um nur einige zu nennen, sind dort längst ein vertrauter Anblick. Selbst einst scheue Greifvögel wie **Sperber** und **Habicht** folgten ihrer Beute in den Siedlungsraum. Was haben alle diese Arten gemeinsam, und warum zieht es sie ausgerechnet in die Stadt, nach landläufiger Meinung doch eher ein vogelfeindlicher Lebensraum?

Der Waldvogelindex – Gradmesser für den Zustand unserer Wälder

Im Jahr 2002 verabschiedete die deutsche Bundesregierung die »Nationale Nachhaltigkeitsstrategie«. In diesem Rahmen wurde der Indikator »Artenvielfalt und Landschaftsqualität« entwickelt, der anhand objektiver Kriterien eine Erfolgskontrolle ermöglicht. Dieser bundesweite Indikator ist eine Maßzahl, die aus den Bestandsgrößen von 51 repräsentativen Vogelarten, stellvertretend für viele andere Tier- und Pflanzenarten, aus fünf unterschiedlichen Hauptlebensräumen ermittelt wird. Sie soll Auskunft geben über die Entwicklung von Natur und Landschaft in Deutschland. Die einzelnen Lebensraumtypen gehen je nach ihrem Flächenanteil in unterschiedlicher Gewichtung in die Ermittlung des Gesamtzustandes ein.

Als Zielwert sowohl für den Gesamtindikator als auch für jeden Teilindikator gilt die Marke von 100 Prozent – errechnet aus den aggregierten Sollzahlen der Bestandsentwicklung der untersuchten Vogelarten – bis zum Ende der Projektlaufzeit im Jahr 2015. Insgesamt wurde die Entwicklung rückwirkend ab 1990 (und im Vergleich mit älteren Daten aus den Jahren 1970 und 1975) bis 2015 verfolgt. Kriterien für die Artenauswahl waren:

- überregionale Relevanz
- Repräsentativität für bestimmte Lebensräume und Nutzungsformen
- Verfügbarkeit von bundesweit aussagekräftigen Daten über die bisherige Bestandsentwicklung

Der Lebensraum Wald wird von elf Vogelarten mit unterschiedlichen Ansprüchen repräsentiert, von seltenen Großvögeln bis zu häufigen und verbreiteten Singvögeln:

Nichtsingvögel:	Singvögel:
Schwarzstorch	Tannenmeise
Schreiadler	Sumpfmeise
Mittelspecht	Weidenmeise
Kleinspecht	Kleiber
Grauspecht	Waldlaubsänger
Schwarzspecht	

Quelle (abgerufen am 26.03.2021):
https://www.bfn.de/themen/monitoring/indikatoren/indikator-artenvielfalt-und-landschaftsqualitaet.html

Als einziger Teilindikator erreichte die Vogelartengemeinschaft der Wälder bis 2015 mit 90 Prozent einen Wert in der Nähe der angepeilten Zielmarke. Hier dürften sich eine natürliche Ausbreitung des **Schwarzstorchs** nach Westen, der Schutz von Horstzonen und das Belassen höhlenreicher Habitatbäume ebenso ausgewirkt haben wie die Zunahme älterer Laubwaldbestände und die Ausweisung geschützter Waldflächen – von kleinen Naturwaldzellen bis zu großflächigen Wald-Nationalparks. Tannenmeise und Kleiber eroberten zudem verstärkt auch Parks und Friedhöfe.

Dennoch stellt sich die Situation nicht bei allen Indikatorarten gleichermaßen günstig dar: Die Bestände von **Grauspecht** und **Waldlaubsänger** sind deutlich rückläufig, und der **Schreiadler,** ohnehin nur in Ostdeutschland verbreitet, gehört seit Jahren zu den größten Sorgenkindern des Naturschutzes. Ihm machen unter anderem immer mehr Windkraftanlagen in seinen Lebensräumen zu schaffen.

Die übrigen Lebensraum-Indikatoren und damit auch der Gesamtindikator blieben weit unter der Zielmarke, unter anderem wegen der dramatisch schlechten Entwicklung der Vogelbestände im Agrarland. Das Ziel soll jetzt bis zum Jahr 2030 erreicht werden, dafür sind entsprechende Anstrengungen in vielen Bereichen notwendig. Auch im Lebensraum Wald gibt es ungeachtet aller Erfolge noch erhebliches Optimierungspotenzial (s. S. 158).

Es sind vorwiegend Bewohner aufgelockerter, strukturreicher Laub- und Laubmischwälder. Strukturreich bedeutet: Es gibt viel Unterwuchs, Totholz in jeder Form, sonnige Lichtungen, vielstufig aufgebaute Waldränder, Staudenfluren, Kleingewässer und anderes mehr. Ungeachtet der insgesamt positiven Entwicklung des Waldvogelindex (s. links): In modernen Wirtschaftsforsten sucht man solche Strukturen meist vergeblich. In Fichtenstangenforsten oder in gleichförmigen Altersklassenwäldern finden viele Vögel, wenn sie denn überhaupt dort vorkommen, nur wenige Lebensmöglichkeiten, entsprechend niedrig ist ihre Siedlungsdichte. Ganz anders in der durchgrünten Gartenstadtzone, die mit ihren baumbestandenen Parks, Waldfriedhöfen und heckenumsäumten Gärten aus der Vogelperspektive einer halboffenen Weidelandschaft (s. S. 66) im Kleinformat ähnelt. Ein vielfältig strukturiertes und genutztes, großflächiges Mosaik verschiedener Lebensräume mit einer Fülle unterschiedlicher Gehölzarten bietet ein großes Nahrungsangebot (auch durch zusätzliche Fütterung), viele Brutmöglichkeiten, Singwarten und klare Grenzen zwischen den einzelnen Vogelrevieren.

Hinzu kommt die durch menschliche Aktivitäten bedingte große Dynamik siedlungstypischer Lebensräume: Sie führt dazu, dass unterschiedliche Stadien der Vegetationsentwicklung auf engem Raum nebeneinander existieren, was eine hohe Artenzahl zur Folge hat. In der »freien Landschaft« hat der Mensch hingegen die ursprüngliche Dynamik weitgehend unterbunden, auch und gerade im Wald.

All das führt dazu, dass viele Vögel sowie zahlreiche weitere Tierarten und Pflanzenarten in städtischen Gärten, Parks und Grünanlagen mittlerweile bessere Lebensbedingungen finden und entsprechend häufiger vorkommen als im intensiv genutzten Forst. Zahlreiche Untersuchungen zeigen, dass diese Gartenstadtzonen, die von Reihenhaus- und Einfamilienhaus-Siedlungen mit Gärten geprägt sind, ähnlich vogelreiche Lebensräume sein können wie natürliche Auwälder.

Ganz ohne Risiko ist das Stadtleben indes nicht: Spiegelnde Fensterscheiben, der Straßenverkehr und nicht zuletzt eine hohe Dichte an Katzen, Mardern, Füchsen und anderen Feinden fordern zahlreiche Opfer, die teilweise durch mehrere Jahresbruten ausgeglichen werden. Untersuchungen zeigten, dass der Bruterfolg bei **Amseln** und **Kohlmeisen** im Wald deutlich höher lag als bei Artgenossen in der Stadt. Auch waren die Jungvögel der Waldbewohner im Schnitt deutlich fitter und hatten somit bessere Überlebenschancen als der Nachwuchs der Städter.

Keineswegs alle Arten, die durch eine veränderte Waldbewirtschaftung verdrängt wurden, konnten sich den Siedlungsbereich als Ersatzlebensraum erschließen. **Baumpieper, Waldlaubsänger** oder **Heidelerche** stellen Ansprüche, die Gärten und Parks nicht erfüllen können. Andere wie **Gartenrotschwanz** und **Trauerschnäpper** fanden zunächst gute Bedingungen in den Gärten und Obstwiesen ländlich geprägter Dörfer, doch im Zuge einer zunehmenden Urbanisierung dieser einstigen Refugien mit dichter Bebauung und häufig naturferner Gartengestaltung verschwanden auch sie mehr und mehr. Sich verschlechternde Bedingungen in Rast- und Überwinterungsgebieten, verursacht durch die Auswirkungen des Klimawandels und intensive Landnutzung, tragen ebenfalls dazu bei, dass fast alle der genannten insektenfressenden Langstreckenzieher inzwischen in der »Roten Liste« der gefährdeten Brutvögel Deutschlands zu finden sind.

Alles in allem geht es vielen Waldvögeln bei uns gut, manchen so gut wie nie zuvor in historischer Zeit. Andere haben auf Dauer nur eine Chance, wenn wir wenigstens auf Teilflächen einer natürlichen Walddynamik Raum und Zeit geben. Die einzige Konstante ist die Veränderung – und diese Veränderungen in der Vogelwelt, die uns viel über den Zustand unserer Umwelt verraten, können wir jederzeit mit eigenen Augen und Ohren miterleben. Also: auf in den Wald!

Deutschlands globale Verantwortung für Waldvögel

Nicht wenige Vogelarten sind in ihrer Weltverbreitung auf Europa beschränkt und kommen besonders zahlreich in deutschen Wäldern und Parks vor. Bei anderen Arten mit weiterer Verbreitung machen die hiesigen Populationen einen Großteil des gesamteuropäischen Bestandes aus. Kaum bekannt: Deutschland beheimatet jeweils rund ein Viertel des gesamten Weltbestandes von **Sommergoldhähnchen** und **Sumpfmeise.** Auch für den Erhalt von **Ringeltaube, Blaumeise** und **Gartenbaumläufer,** ebenso für **Kernbeißer** und **Kohlmeise, Amsel** und **Misteldrossel,** für **Buntspecht** und **Waldohreule** sowie zahlreiche weitere uns wohlvertraute Vogelarten (und auch für weniger vertraute wie **Rotmilan** und **Schreiadler)** trägt Deutschland eine internationale, teilweise globale Verantwortung. Der Grund für diese erstaunliche Tatsache: Viele dieser Vögel sind ursprünglich Bewohner von Eichen- oder Buchenmischwäldern, und diese wiederum haben ihren natürlichen Verbreitungsschwerpunkt in Mitteleuropa.

Globale Verantwortung: Ein Viertel des Weltbestandes des winzigen Sommergoldhähnchens brütet in Deutschland.

Brombeere

Der Autor

Dr. Uwe Westphal (Jahrgang 1957) ist Diplom-Biologe und beschäftigt sich seit seinem elften Lebensjahr intensiv mit der heimischen Vogelwelt. Nach langjähriger hauptamtlicher Tätigkeit im Naturschutz und einer anschließenden Ausbildung zum Fachzeitschriftenredakteur lebt und arbeitet er heute als freier Publizist, Exkursions- und Seminarleiter in der Nähe von Hamburg. Er ist Autor und Coautor mehrerer Bücher und Audio-CDs und verfasste zahlreiche populärwissenschaftliche Artikel insbesondere über heimische Vögel, Natur und Garten. Uwe Westphal gründete und leitete die Fachgruppe Ornithologie im Naturschutzbund Deutschland, Landesverband Hamburg, und ist seit vielen Jahren ehrenamtlicher Mitarbeiter im Arbeitskreis an der Staatlichen Vogelschutzwarte Hamburg. Hier beteiligt er sich an ornithologischen Bestandserfassungen (Brutvogelmonitoring, Wintervogelzählung, Atlaskartierungen) und war 20 Jahre lang Mitglied im Redaktionsteam der Fachpublikation »Hamburger avifaunistische Beiträge«. Seit 1978 begeistert er Menschen auf zahlreichen vogelkundlichen und allgemein naturkundlichen Wanderungen und Seminaren für die Natur und speziell die Vogelwelt, vorrangig im Raum Hamburg und im Biosphärenreservat Schaalsee. Einem breiten Publikum ist Uwe Westphal durch zahlreiche Auftritte bei Veranstaltungen, in Hörfunk und Fernsehen als Vogelstimmen-Imitator bekannt, der auch die Lautäußerungen vieler anderer Tierarten beherrscht.

Weitere Informationen

www.westphal-naturerleben.de

Anhang

Zum Weiterlesen

- Amann, G.: **Vögel des Waldes.** Neumann-Neudamm 2002 (TB 2021)
- Anonymus: **Hinaus in den Wald.** Ausflüge in die Wälder. Kunth Verlag 2018
- Bachofer, M. & J. Mayer: **Der Kosmos-Baumführer.** 370 Bäume und Sträucher Mitteleuropas. Kosmos Verlag 2021
- Bartsch, N. & E. Röhrig: **Waldökologie.** Einführung für Mitteleuropa. Springer Spektrum 2016
- Bauer, H.-G., Bezzel, E. & W. Fiedler: **Das Kompendium der Vögel Mitteleuropas.** AULA-Verlag 2012
- Bayerische Landesanstalt für Wald und Forstwirtschaft (Hrsg.): **Vogelschutz im Wald.** LWF-Merkblatt 21 (auch downloadbar unter: www.lwf.bayern.de/mam/cms04/service/dateien/mb21-vogelschutz.pdf)
- Bayerisches Staatsministerium für Ernährung, Landwirtschaft und Forsten (Hrsg.): **Vögel im Urwald.** Die Vogelwelt der Urwaldgebiete im Inneren Bayerischen Wald. München 1985
- Bergmann, H.-H. & U. Westphal: **Welcher Vogel singt denn da?** Quelle & Meyer, 3. Aufl. 2019
- Böhlmann, D.: **Gehölzbiologie.** Quelle & Meyer, 2. Aufl. 2013
- David, W.: **Lebensraum Totholz.** pala-verlag, 4. Aufl. 2020
- Dreyer, W. & E.-M. Dreyer: **Der Kosmos Waldführer.** Kosmos Verlag 2019
- Fiedler, W. & H.-J. Fünfstück: **Die Vögel Mitteleuropas.** Das große Fotobestimmungsbuch. Quelle & Meyer 2021
- Fischer-Rizzi, S.: **Blätter von Bäumen.** Heilkraft und Mythos einheimischer Bäume. AT-Verlag 2007

➤ Flousek, J., Hudec, K. & U. N. Glutz von Blotzheim: **Immissionsbedingte Waldschäden und ihr Einfluss auf die Vogelwelt Mitteleuropas.** In: Glutz von Blotzheim, U. N. (Hrsg.): Handbuch der Vögel Mitteleuropas, Bd. 13/1: 11-30. AULA-Verlag 1993 (CD-Rom-Ausgabe 2004)
➤ Fünfstück, H.-J., Ebert, A. & I. Weiß: **Taschenlexikon der Vögel Deutschlands.** Quelle & Meyer 2010
➤ Gatter, W. & H. Mattes: **Vögel und Forstwirtschaft.** Eine Dokumentation der Waldvogelwelt im Südwesten Deutschlands. Verlag Regionalkultur 2018
➤ Gerlach, B., Dröschmeister, R., Langgemach, T., Borkenhagen, K., Busch, M., Hauswirth, M., Heinicke, T., Kamp, J., Karthäuser, J., König, C., Markones, N., Prior, N., Trautmann, S., Wahl, J. & C. Sudfeldt: **Vögel in Deutschland.** Übersichten zur Bestandssituation. DDA, BfN, LAG VSW, Münster 2019
➤ Graßmann, F.: **Wunderwelt Totholz.** pala-verlag 2020
➤ Gruber-Stadler, M.: **Heimische Bäume bestimmen in allen vier Jahreszeiten.** Freya 2018
➤ Gutjahr, A.: **Waldvögel.** Lebensweise – Verhalten – Strategie. Quelle & Meyer 2020
➤ Härdtle, W., Ewald, J. & N. Hölzel: **Wälder des Tieflandes und der Mittelgebirge.** Ulmer Verlag 2008
➤ Jonsson, L.: **Die Vögel Europas und des Mittelmeerraumes.** Kosmos Verlag 1992
➤ Knapp, H. D., Klaus, S. & L. Fähser (Hrsg.): **Der Holzweg.** Wald im Widerstreit der Interessen. Oekom 2021
➤ Küster, H.: **Der Wald.** Natur und Geschichte. C. H. Beck 2019
➤ Lüder, R.: **Bäume bestimmen.** Knospen, Blätter, Blüten, Früchte. Haupt Verlag, 2. Aufl. 2019
➤ Lüder, R.: **Grundkurs Gehölzbestimmung.** Quelle & Meyer, 4. Aufl. 2021
➤ Meister, P.: **Eichelhäher und Eichen.** FALKE 9/2020: 28-31
➤ Nationalparkverwaltung Bayerischer Wald (Hrsg.): **Waldentwicklung im Bergwald nach Windwurf und Borkenkäferbefall.** Grafenau 2001
➤ Roloff, A.: **Der Charakter unserer Bäume.** Ihre Eigenschaften und Besonderheiten. Ulmer Verlag 2017
➤ Roloff, A., Weisgerber, H., Lang, U. M. & B. Stimm: **Bäume Mitteleuropas.** Von Aspe bis Zirbelkiefer. Wiley-VCH 2010

- Ryslavy, T., Bauer, H.-G., Gerlach, B., Hüppop, O., Stahmer, J., Südbeck, P. & C. Sudfeldt: **Rote Liste der Brutvögel Deutschlands** – 6. Fassung. Ber. Vogelschutz 57 (2020): 13-112
- Scherzinger, W.: **Naturschutz im Wald.** Qualitätsziele einer dynamischen Waldentwicklung. Ulmer Verlag 1996
- Sperber, G. & S. Thierfelder: **Urwälder.** Deutschlands archaische Welten. BLV 2014
- Steiger, P.: **Esche, Espe oder Erle?** Bd. 1: Pflanzenporträts aller wildwachsenden Gehölze Mitteleuropas. Ott 2016
- Steiger, P.: **Esche, Espe oder Erle?** Bd. 2: Bestimmungsschlüssel aller wild wachsenden Gehölze Mitteleuropas. Ott 2016
- Strauß, M.: **Köstliches von Hecken und Sträuchern** – bestimmen, sammeln und zubereiten. Hädecke Verlag 2011
- Strauß, M.: **Köstliches von Waldbäumen** – bestimmen, sammeln und zubereiten. Hädecke Verlag 2020
- Weber, H. E.: **Gebüsche, Hecken, Krautsäume.** Ulmer Verlag 2008
- Westphal, U.: **Das große Buch der Gartenvögel.** pala-verlag, 5. Aufl. 2022
- Westphal, U.: **Das große Buch der Wintervögel.** AULA 2020
- Westphal, U.: **Hecken – Lebensräume in Garten und Landschaft.** pala-verlag, 3. Aufl. 2021
- Westphal, U.: **Mehr Platz für den Spatz!** pala-verlag, 3. Aufl. 2022
- Westphal, U.: **Schräge Vögel.** Begegnungen mit Rohrdommel, Ziegenmelker, Wiedehopf und anderen heimischen Vogelarten. pala-verlag, 2. Aufl. 2016
- Wohlleben, P.: **Bäume verstehen.** pala-verlag, 10. Aufl. 2020
- Wohlleben, P.: **Der lange Atem der Bäume.** Ludwig 2021
- Wohlleben, P.: **Wohllebens Waldführer.** Ulmer Verlag, 2. Aufl. 2020
- Zahner, V. & N. Wimmer: **Spechte & Co.** Sympathische Hüter heimischer Wälder. AULA 2019

Register der Vogelarten

Hervorgehobene Seitenzahlen verweisen auf ausführlich behandelte Vogelarten. In Normalschrift gesetzte Seitenzahlen verweisen auf weitere relevante Textstellen.

Um das Auffinden gesuchter Vögel oder Vogelgruppen zu erleichtern, sind einzelne Arten unter Oberbegriffen wie »Spechte«, »Drosseln« oder »Meisen« eingeordnet (Ausnahmen: Amsel und Wendehals). In letzterem Fall sind alle »Meisen« ungeachtet ihrer tatsächlichen Verwandtschaft zusammengefasst. Diese Arten sind nicht zusätzlich einzeln alphabetisch aufgeführt: also zum Beispiel »Kohlmeise« nicht unter »K«, sondern nur unter »M« wie »Meisen«.

Im Register **nicht** berücksichtigt sind zahlreiche ebenfalls im Text genannte »Begleitarten«, die ebenfalls in den geschilderten Lebensräumen beobachtet werden können.

Register der Gehölzarten

Hervorgehobene Seitenzahlen verweisen auf ausführlich behandelte Gehölzarten. In Normalschrift gesetzte Seitenzahlen verweisen auf weitere relevante Textstellen

Um das Auffinden gesuchter Gehölze zu erleichtern, sind einzelne Arten unter Oberbegriffen wie »Eichen«, »Kiefern« oder »Ahorne« eingeordnet, zudem sind in manchen Fällen auch nur diese Begriffe im Text verwendet. Diese Arten sind dann nicht mehr einzeln alphabetisch aufgeführt: also zum Beispiel »Stieleiche« nicht unter »S«, sondern nur unter »E« wie »Eichen«.

Von den nichtheimischen Gehölzen wurden im Register nur forstlich relevante Arten berücksichtigt, zum Beispiel Douglasie, Roteiche. Aufgenommen wurden auch Himbeere und Brombeeren, die botanisch nicht zu den Gehölzen im eigentlichen Sinne zählen, sondern als zweijährige »Scheinsträucher« gelten.

Lebensraum Garten

Agnes Pahler:
Lebensraum Gehölz
ISBN: 978-3-89566-418-2

Michael Altmoos:
Besonders: Schmetterlinge
ISBN: 978-3-89566-408-3

Ulrike Aufderheide:
Tiere pflanzen
ISBN: 978-3-89566-388-8

Ulrike Aufderheide:
Der sanfte Schnitt
ISBN: 978-3-89566-320-8

Bücher von Peter Wohlleben

Peter Wohlleben:
Bäume verstehen
ISBN: 978-3-89566-365-9

Peter Wohlleben:
Die Gefühle der Tiere
ISBN: 978-3-89566-364-2

Peter Wohlleben:
Menschenspuren im Wald
ISBN: 978-3-89566-352-9

Peter Wohlleben:
Kranichflug und Blumenuhr
ISBN: 978-3-89566-384-0

ISBN: 978-3-89566-416-8

Am Molkenbrunnen 4, 64287 Darmstadt
www.pala-verlag.de

Umschlag- und Innenillustrationen: Heidi Janicek
www.heidijanicek.de

Lektorat und Gestaltung: Angelika Eckstein

Druck und Bindung: Beltz Grafische Betriebe GmbH, Bad Langensalza
www.beltz-grafische-betriebe.de
Printed in Germany

Gedruckt auf
100% Recyclingpapier